恰到好处的敏感

Wer stärker fühlt, hat mehr vom Leben

［德］**卡特琳·佐斯特** 著
Kathrin Sohst

吴筱岚 译

中国友谊出版公司

前言　敏感是人性

保持敏感"其实"是一件好事。当我们对感官刺激和环境刺激做出各种敏感的反应，并有意识地处理那些我们所感知到的事物时，我们就会与自己、他人以及周围的事物产生强烈的共鸣。为什么我说"其实"保持敏感是一件好事呢？因为人们忙于繁乱的生活，往往不容易认识到敏感的优势。信息泛滥、绩效压力、焦虑以及无止境的噪音都会成为巨大的负担。总是处于被动"接收"状态的人，就常常会为以上种种所困扰。就是说，每一枚硬币都（至少）有两面。得益于我的亲身经历和工作经验，我对敏感的两面都非常了解。但其他人是怎么看待"敏感"这一概念的呢？

为了解我的网络社交圈对敏感一词的理解，我在网上发布了以下两个问题：

▶ "敏感"会让你联想到什么？
▶ "敏感"对你来说意味着什么？

我至今还记得，我在等待反馈时有多么紧张兴奋。我也知道，大家的答案不会让我失望。最终我收到了许多回复，它们启发并鼓舞了我，让我能比先前更全面地看待敏感。有一些反馈显然是由高度敏感者所写，除此之外，还有一些批判的声音。但正是这些批判的声音使我思考，给予我新的动力。让我们先来谈谈其中一些反馈，在这些反馈中，敏感被看作一种以更精细的方式处理自己所感所知的能力。

　　"我会由'敏感'一词联想到非常精密的天线，有了它，人们可以感知到旁人无法感知的事。""它是细腻的感觉。""它也是奇妙又强大的天赋，可以让很多事情朝着积极的方向发展，无论是在人际交往、工作社交还是健康方面……我相信敏感的人可以使人们意识到本质的、重要的、有益的事物。""我们越是敏感，就越会注意到本会被忽略的事物，产生的反应也会越强烈。""要比别人感受得更多、更强烈。看到别人看不见的东西。""细心、周到、怀有兴趣、充满好奇、为他人着想。""敏锐、脆弱、内心深处、渴望、充实、感伤、自我压抑、治愈、我的一部分、希望、爱、情感。"

以下内容摘录自一些批判性的，或至少不完全积极的反馈：

　　"'敏感'是一个老生常谈的话题了，人人都觉得自己是敏感的。其实最好不要这样想。敏感并不能'普度'众生。""对感知度较低的人来说，敏感俨然成了一个难题，因为敏感的人对外部世界往往有很高且难以满足的要求。特别是在人际交往中，这样可能会导致交往双方受伤，甚至使双方承受过重的心理负担。"

综合所述，我们可以从截然不同的角度来看待敏感。面对同样的事物，有人赞美，有人反感。形形色色的反馈让我明白，要建设性地应对敏感，并把敏感作为我们的灵感源泉，并不是一件容易的事。而成功的法门，就在这本书中。在阅读过程中，你会时常潜入自己的内心世界，向自己和他人敞开心扉、与自己和他人沟通交流，并有意识地体会自己的感受。我们需要独自沉默的空间、联系交流的空间、创新创作的空间、接触自然的空间、休养恢复的空间。那些定期给自己空间的人，是在送自己一份大礼，因为我们用大脑掌握的，实际不如心灵和身体知道得多。这些感性知识为我们的人生道路指明了前进的方向。我们可以借助自己感性且温柔的一面，在日常生活中找寻方向，在生活中游刃有余，变得敏感而强韧。[①]

这些认知使我更加充实，并且我坚信，在你了解下列问题之后，也会有同样充实的感觉：

▶ 敏感与强韧有什么联系？

▶ 如何使自己与他人和谐相处？

▶ 为什么情感是宝贵的能量来源？

---

① 针对"敏感与强韧"的建议参见 https://kathrinsohst.de/。——作者注（若无特殊说明，本书脚注均为作者注）

从我拥有思考的能力起，我就一直在研究敏感，以及所有与之相关的问题。一次又一次地，我的情绪像巨浪一样席卷着我，拉扯着我，我却总是无能为力。我缺少经验和工具来帮助我轻松应对紧张情绪。我多想拥有一个可以调节自己的开关啊！于是，我下意识地开始寻找在自我与外界之间取得平衡的方法。后来我越来越主动地继续摸索、探寻。在这之后，我不仅收集到了相关的知识和经验，还改变了我生活中的许多事情。这是一次真正意义上的收获，我由衷感恩，也很想跟大家分享这次收获。但在我们深入探讨各个章节之前，我想先给大家简单介绍一下，在哪些情况下，我尤其会意识到自己的敏感。我在书中讲述了一些我个人的故事和见解。你可以通过阅读，时常与我"面对面"。

在很长一段时间里，陌生且富于刺激的环境对我来说的确是个挑战。周围的人越多，我越是拘谨。当我成为众人关注的焦点，必须展现自己最好的一面时，我就会觉得非常不舒服，不管是在学校的专题报告中还是在钢琴老师的年度学生音乐会上。但是，我清楚地感觉到：我能够把我的感受用文字表达出来。我也写诗和文章，以及一些简短的演讲稿。之后，我公开发表了作品，也在众人面前做了演讲。我每次都感到非常紧张，但并未因此而停下脚步。我觉得我在做正确的事情。我想把我的文字，以及我想通过文字传递的信息，散布到世界各地，我也想用它来感动身边的人——所有我爱过的人、开幕式上的艺术家、度过银婚的父母、祖父葬礼上的家人、新婚的老朋友……

即使到了今天，我仍然没有被舞台吸引。但我还是要坚持下去。有的时候，通往舞台的路是坎坷的；有的时候，它又会因奇妙的机缘巧合而变得平坦。在其他时候，我意识到：为了更熟悉自己、挖掘自己的内心，我们需要突破自己的极限，离开舒适区，勇敢地迈向未知领域。确保自己始终保持着平衡也同样重要。在这个压力越来越大的时代，每个人都想展示自己最好的一面，这时，我们就离自我剥削和过度刺激不远了。而我早已对此习以为常了。过去我总是太过苛求自己，因为我总是对自己和他人抱有过高的期望，当我的血肉之躯不断冲撞极限时，换来的就总是伤痕累累。在某个时候，我突然意识到了：这条路显然不适合我。我应该听从内心的声音，跟着心走。现在，我把自己照顾得越来越好，生活得越来越好，也越来越关注自己的身心需求，即使这些在以绩效、成功、事业为导向的社会始终难以实现。

之前我总觉得，我和别人不同，尽管我无法准确地描述出这种不同，但我始终有这种感觉。还在上幼儿园时，我就会被像气球爆炸声那样的巨大声响吓哭。相反，有的孩子则会为了让气球发出爆炸声，故意踩踏气球。学校或大型聚会的噪音等级对我来说往往过高了。我只在为了不让朋友扫兴时，才会去迪厅——永不停止制造噪音的地方。现在，我知道自己在一个宁静和谐的环境中最舒服，也会让自己更频繁地处于这种舒适的环境中。大自然是我的最爱。

我和同学们的想法有着很大不同，这不仅体现在声音强度方面。我时常也会想，为什么他们在面对其他同学或者老师时，会表现得这么"不礼貌"。我花了很长时间才明白，人们的行为会与我对他们的预期不同。我甚至花了更长的时间才理解，他们的行为往往不是有意识地攻击别人，只是人们的性情、人生信条和经历不同。在同样的情况下，不同性格的人会有不同的体验。

当我发现这一点时，我内心沉睡着的学者精神被唤醒了。同时，我也很清楚，我以我的方式无意识地冷落、伤害过其他人，这种情况至今仍会发生。但在大多数情况下，我很快就能注意到这一点，因为我擅于换位思考，也擅于共情。在人际交往中，我能感受到对方是否心情愉快，是否有什么烦恼。我也能很快觉察到房间里的"沉重气氛"，以及交谈对象的心口不一。我也知道，连我自己都没有意识到的细节，足以在刹那间转变我的心情。

我还意识到了：敏感在当今社会中并无良好声誉。在职场中，人们对敏感的印象尤其糟糕。在尤为需要敏感的护理及卫生部门，员工们服从于繁忙紧凑的日常，如果有必要，得工作到身体罢工为止。

事实是：我们社会的角角落落都缺乏敏感。无论是在与自己、与他人还是与自然的相处中，我们都屈从于错误的认识，觉得好像不把个人需求看得太重会更经济一些。我们总认为，我们不能为自己花时间，因为代价太高，我们承担不起。我们也忘记关注自己的内心，忘记倾听自己的心灵与身体，忘记倾听他人的声音。我们所遵循的理想，使我们脱离了生命的自然循环。近几十年来，我们如此麻木地追随着所谓的进步，以至于我们的孩子对自己的未来充满担忧。他们不懂，什么才是真正重要的事情，这同样让他们忧虑。我们每个人都应该向他们学习。因为反思我们的经历，反思我们看待自己、他人和环境的方式，反思万物以何种方式相连，就像呼吸一样，都是生命的一部分。

　　思考一下：如果我们开始坚持自己的敏感，会发生什么？我深信，我们如果坚持自己的敏感，生活中就会有宝贵、美好、愉快的经历和相遇。因为敏感并不是缺陷，它是一种美好的品质，它让我们能够以一种特殊的方式关注自己和他人，以及我们生活的世界。

> 进步与技术的发展密切相关，但不等同于人的发展。
> ——阿尔诺·格鲁恩
> （Arno Gruen）

　　近些年来，在关于高度敏感者的讨论中，又出现了"高度敏感究竟是福还是祸"的争论，以及当我们需要细致而深入地工作时，高度敏感是否会起特殊作用。我之前认为，我也是一个高度敏感者，这种认知让我越发不可自拔地觉得，我身上有一些"特殊之处"。那时，这种感觉对我来说很重要。直到我意识到，高度敏感只是我个性中可融合且值得被重视的一部分，正如我个性中的其他方面一样，高度敏感也是一种属于我的特质。一位朋友曾说，人们很难通过敏感的表达来高度定义自己。听到他这番话，我当然先激烈地捍卫了自己，我觉得自己被质疑了。但我渐渐意识到，如果我不想用"高度敏感"的标签来限制自己，我就必须踏上新的自我认识的彼岸，以更全面的眼光来看待敏感。

对我而言，唯一重要的是，我可以接受我的自然本性，可以满怀感情与理解，坦然面对自己和他人。自从我明白这一点，并学会欣赏自己之后，我便能够更好地应对自己、他人和生活中的种种困难了。

如果你想问，我如何达到了现在的状态，那么答案其实已经在你手中了，因为我在这本书里记录了我的改变中最大的助力。

但你最好不要只是阅读我的故事，还请你自己也做一些尝试。因此，我整理了一些实用的练习，帮助你更好地了解自己和他人。如此，你才能够积极地看待并欣赏自己或他人的敏感。

如果你对自己足够真诚，那你应该已经知道：要想拥有源源不断且持久的力量，就必须要感受、共情、坦然面对自己脆弱的一面，接受自己的缺点。在本书中，我会给你展示一把可以开启奇幻大门的钥匙，门后有一个新空间，在那里，你能够以一种新的方式处理自己的敏感与感受，何时、以何种速度进入这个新空间，由你自己决定。让自己拥抱惊喜吧，也许会有一个全新的世界在等着你去探索。

我祝愿大家拥有更多欢乐、更多好奇、更多灵感，以及更多实现强大改变的动力。

你们诚挚的卡特琳·佐斯特

目　录

敏感与强韧的关系

现在是冬天。闹钟在早上 6 点响起时，外面天还是黑的。黎明将万物——房屋、街道、汽车以及公交车、火车站、老邮局，还有一旁的瓦砾——浸入蓝光中。今天天气似乎不错。我喜欢这个由湿冷转为干冷的时段。

送完孩子上学后，我又回到了公交车站。上班高峰的车流从我身边疾驰而过。宁静祥和的圣诞假期后，我又手忙脚乱地开始了新的一天。

下一班车还有 15 分钟才到。我不想站在嘈杂的街道看早晨的车水马龙，所以我决定先自己走一段路。虽然这里不是散步的最佳去处，但走路总比干等着好多了。我的呼吸、思想、感情也自由流淌。突然间，光线发生了变化。路灯熄灭了，人造光消失了，冬日里的太阳冉冉升起，寒冷却晴朗的晨晖照耀着我。这是一个意想不到的神奇时刻。多么美丽啊！天空又亮了起来！今天有太阳，既无云也无雨。在过去的几周里，阴郁的天气比以往更多，我的内心也随之变得有些黑暗了。

我走到下一个公交站台时,公交车也还没有来。于是我继续徒步前进,途经市内的一处消费圣地,它位于一条四车道的主干道上。在这里,发动机的噪音淹没了一切。不,噪音还没有淹没一切。我忽然听到了鸟儿的歌声,美好的声音在我心中越发响亮起来,其他噪音都没入了背景之中。我已经听不到汽车的噪音了,耳边只有鸟儿的歌声。我微笑着。我用眼睛寻找着这位小小歌唱家。在这个美好的早晨,它正坐在哪里对着车流歌唱呢?在那里,我找到它了,是一只乌鸫。它正坐在邮局的顶棚上,欢快地将音符播撒到空气中。我衷心地感谢它,温暖的感受和力量在我心底蔓延。是的,今天是美好的一天,也是新年中一个好的开始。

因为敏感,我在今天早上意外收获了两个美好时刻:冬日清晨的光亮以及早高峰中的鸟鸣。它们让我与自己、与世界都建立了积极的联系,让我充满活力地迎接新年假期后的第一个工作日。我喜欢回忆起脸上总是带着微笑的场景。晨间的经历完美证明了敏感与强韧的关系。敏感是一种超越物质的强大力量,因为敏感源于身体、思想与心灵的联系,包含了人类的方方面面。敏感的力

> 敏感是感受生活之美的能力。

量之所以强大,也因为我们会时常接收外部信息,反映内外

部的刺激，倾听内心的声音。

通过不同的方式感受自己和环境是一种天赋，它让我们能够与自己以及周围环境保持良好的联系。有意识地感受和处理世界所提供的一切信息，尤其是那些对我们有益的信息，能使我们强韧。

1

敏感的世界

人们对"敏感"一词的理解大不相同，有人认为它是温柔，是深情，是天赐的福祉，也有人认为它是一种心理障碍。为什么会出现这样的情况呢？我们不妨一起来寻找线索，细细研究这个词在我们语言中的用法：

"敏感"这一概念起源于拉丁语——sentire，意为：与感受、感知、感官相关；感知能力或感知天赋。

现在我们会在何种情况下使用"敏感"一词呢？我在《杜登词典》中查询该词时，除关键词外，还发现了其他相关词，如过度敏感、心思细腻、注重礼节、小心谨慎、高度敏锐、善于理解，以及同义词，如敏感细腻、多愁善感、体贴周到等。在浏览了更详细的资料之后，我了解到，在教育领域，它意味着敏感意识、感性以及受伤感。

在摄影领域，"敏感"被理解为胶片的感光度。对人类的

"敏感"来说，摄影和胶片感光度①是一个非常美妙的比喻。如果胶片的感光度不够高，摄影师想要捕捉的事物就会留在黑暗之中，无法显现。胶片的感光度越高，显示的图像就越清晰。但胶片的感光度过高时，细节会在强光下变得模糊。我们人类也是如此。当一个人不够敏感时，他接收信息不够"敏锐"，"曝光时间"也不够长，因而他感知到的信息也就不够清晰。越是敏感的人，感知越是细腻。但过于敏感时，强烈的光线照得人头晕目眩，让人无法应对生活中的种种。

当我们将某物描述为"敏感"时，预示我们在面对它时，需要更加小心谨慎。在医学领域，敏感指对疼痛和外界刺激有敏锐的感知力。有些意义重大的话题却不受关注，当我们想引起人们对这些话题的关注时，就会提到敏感化。"敏感"一词的运用在我们的日常生活中显得非常矛盾：一方面，有人会以责备口吻说"不要这么敏感！"；另一方面，又有人会怀着认可说"我们必须对自己的天性更加敏感"。进一步说，当我们将一个话题描述为敏感话题时，往往是指容易给人带来不快的话题，因为它不仅是复杂的、多面的，还会挑战我们从不愿质疑的信仰和人生信条。宗教信仰就是一个很好的例子。

如果你在 Twitter（推持）、Instagram（照片墙）和 Pinterest（拼趣）等社交网络上浏览带有"# 敏感"标签的帖子，就会

---

① 这里指的是应用于传统相机（即底片相机），且事后会在暗房中进行冲洗的胶片。胶片材质的感光度越高，摄影师需要进行的人工曝光就越少。

发现类似的景象。这些场景充分体现了人们缺乏敏感度的事实，有人会仅仅因为表现得太腼腆而被批评。既然我们已经说到了社交媒体和互联网，那现在不妨来谈一谈敏感数据。人们认为，敏感数据具有保护意义，可能是因为它涉及个人信息，或者揭露了一些东西，使尘封的真相大白于天下。凡是属于数据保护范围的，都是敏感的。自从通用数据保护条例（DSGVO）生效以来，敏感数据量激增。从理论上讲，就连公寓的姓名牌都应该被加密。

　　所有这些例子都表明了"敏感"这一概念的模糊性，甚至是矛盾性。总之，在我看来，这种矛盾性已经影响了人们对情感细腻的看法。一方面，我们意识到敏感是一个重要的维度；另一方面，我们又要避免过度敏感。那么，就让我们一起来解决这一矛盾，在敏感问题上建立清晰的认识。我相信，全面、建设性的眼光将帮助我们打开一个新世界。

科学研究怎么说

　　在生理层面上，敏感性意味着既能感受外部刺激（如通过皮肤感受刺激），又能感受内部刺激（如感受身体内部的信号）。我们需要敏感性，以便与我们的内部世界和外部世界产生共鸣，评估我们所接受到的刺激。此外，心理学家认为，一个特别敏感、特别能共情又拥有高度直觉的人，是一个敏感的人，他能很快对某一特定情况产生共鸣，预测他人在该情况中的反应，或将自己置于他人的位置，设身处地考虑事情。在日益复杂的世界里，上述品质都绝对是有利的。研究表明，错综复杂的决策会迅速使大脑皮层的工作记忆系统不堪重负。我们的直觉和源于生活的经验知识恰恰有助于我们应对这种情况。

学术界如何理解敏感性

生理学家和认知心理学家认为，敏感性是在感觉中枢发生的所有感觉的集合，感觉不仅仅通过眼睛、耳朵、舌头或嗅黏膜产生，而且还会通过皮肤、神经、脏器、骨骼和肌肉等产生。因为感觉是由神经刺激以及感官刺激引起的，所以在人类感觉的整体结构中，也包括敏感性的心理方面。此外，还有各种特殊形式的敏感，我们称之为"超敏反应"，如食物敏感性、电敏感性及多种化学敏感性（如酒精和其他物质的敏感性）。

近年来，从发展心理学、积极心理学和人格心理学的思潮中，人们逐渐形成了一种关于敏感的新构想，在这个新的构想中，学者们着力于研究人们处理内在与外在刺激的深度。[①]最新的研究成果让人大吃一惊。先前，专家认为有15%至20%的人比他人具有更高的敏感度；而现在，他们提到了三个敏感度组，并讨论到一个正态分布：他们认为，

———————

① 关于敏感的科学概念的专业信息可见附录。

29% 的人敏感度较低，40% 的人敏感度居于中间水平，31% 的人敏感度较高。[①]但三组内的敏感强度也不尽相同。因此，我们有理由认为，既存在高度的多样性，也存在多种极端情况：敏感度很低，甚至是有述情障碍的人，只能对刺激和感觉进行表层的处理；而高度敏感人士则需迅速与过度刺激及过度紧张展开斗争。高度敏感人士具有四个典型特征：他们比其他人更能感知到细节，更能深入地处理信息，具有更高的情绪反应力和共情能力。而且相比其他人能更快感受到过度刺激。近年来，针对这种感知处理方式已形成一个通俗说法，即"高度敏感"。基于科学领域的现有发展，学者们提到了"高度环境敏感性"（environmental sensitivity），并借此为不同的心理学研究方向已诠释的结构找到了一个上位概念。

敏感是基因问题吗

美国学者伊莱恩·N. 阿伦（Elaine N. Aron）和阿瑟·阿伦（Arthur Aron），以及伦敦玛丽皇后学院的迈克尔·普鲁斯（Michael Pluess）教授都认为，敏感可能是一个由基因决定的特征，但他们所关注的重点有所不同。伊莱恩·N. 阿伦与阿瑟·阿伦不仅关注外部刺激的处理，还尤为关注内部刺激，如情绪、生理刺激或食物与药物的影响；而普鲁斯教授则认为，敏感主要是一种感知环境和处理环境信息的能力。普

①　关于敏感性正态分布的专业信息可见附录。

鲁斯教授非常重视敏感，因为不具备敏感性的人无法适应环境。桑德拉·康拉德（Sandra Konrad）是第一位以"高度敏感"为题撰写博士论文的德国学者。她提及了最近的一项双胞胎研究，其中也涉及高度敏感的遗传性及环境的相关性。结果表明，敏感的差异性可能有一半归结于后天因素。不论学者们的观点在何处相交，至关重要的是，他们对高度敏感的研究，让人类的敏感性作为一个整体再次受到关注。

如何测量敏感性

通过出版我的早期作品，以及组织 2017 年第一届高度敏感会议，我在敏感性领域建立了强大的人际网络，与敏感性研究领域的顶尖学者取得了联系。我衷心感谢心理学家和教育学家特雷莎·蒂尔曼（Teresa Tillmann），她与伊莱恩·N. 阿伦、阿瑟·阿伦及迈克尔·普鲁斯等国际学者展开了密切合作，得益于此，我才能够在本书中发表这两份评估自身敏感度的调查问卷——一份适用于成年人，一份适用于青少年。

上述两份问卷以原始问卷为基础，其可靠性已得到验证。也就是说，问卷中包含的问题，正是许多学者长期以来研究、应用、完善并取得了良好效果的问题。请你务必明晰：此类调查问卷不具有绝对有效性。其结果既不能最终确认你是否属于敏感人群，更谈不上是诊断书。因为敏感不是一种疾病，它是人格的一部分。确切地说，问卷结果只显示了你或你孩子的敏感倾向，让你有机会获得新的认识和新的见解，也让你的生活和人生道路更轻松、更积极、更适当敏感。

还有一个小提示：如果你完全同意问卷调查中的某句表述，则表明你在该范围内具有高度敏感性，即使你——总的来说——并不属于敏感人群，个别结果可能会指向这个方向。

也请注意用于问卷调查评估的其他科学性说明。

成年人调查问卷 [1]

如果想知道，你在哪些情况下尤为敏感，可以通过以下问卷来寻找答案。一方面，你可以认识到敏感的优势并促进其发展；另一方面，你会意识到，在你受敏感困扰时，找寻合适的技巧和行为方式来应对才是明智之举。这份成年人敏感调查问卷中有12句表述，1分表示完全不符合，7分表示完全符合，请根据你的实际情况进行打分。如果你对某些选项感到不确定，或者没有选项符合你的情况，那你只需要勾选相对最符合的选项。请你仔细阅读每一句表述，并在相应的选项上打钩。非常重要的是：这里没有"对""错"之分。

1. 我特别注意周围环境中的细微之处。

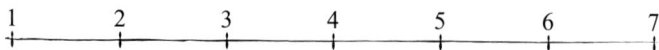

1   2   3   4   5   6   7

2. 刺眼的灯光、浓烈的气味、粗糙的面料以及刺耳的警报声之类的东西都让我难以忍受。

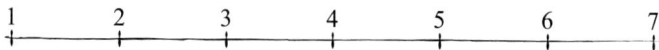

1   2   3   4   5   6   7

3. 我的内心生活丰富而微妙。

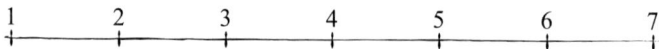

1   2   3   4   5   6   7

4. 艺术和音乐让我深有感触。

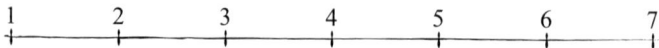

1   2   3   4   5   6   7

---

[1] 本问卷由特雷莎·蒂尔曼博士翻译，并用于她的论文（2019）中。英语简版由迈克尔·普鲁斯教授（2013）根据伊莱恩·N. 阿伦与阿瑟·阿伦博士的原版问卷（1997）改写。

5. 当我必须在短时间内处理很多事情时，我会感到烦躁。

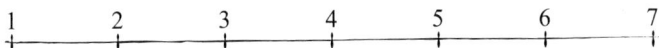

1 2 3 4 5 6 7

6. 当我必须同时处理很多事情时，我会感到焦虑。

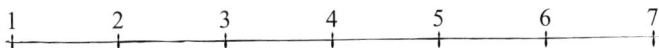

1 2 3 4 5 6 7

7. 我会刻意避开暴力电影和电视节目。

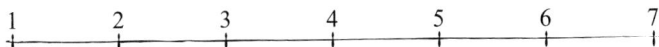

1 2 3 4 5 6 7

8. 生活中的变化让我不知所措。

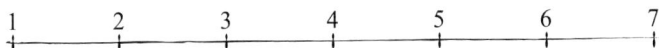

1 2 3 4 5 6 7

9. 我欣赏并享受清馨的气味、轻柔的声音、精妙的艺术品。

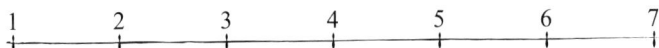

1 2 3 4 5 6 7

10. 思绪过多时，我会很不舒服。

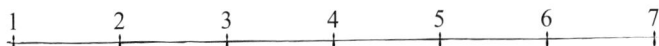

1 2 3 4 5 6 7

11. 当我耳边有太多噪声时，我会感到非常难受。

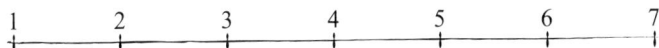

1 2 3 4 5 6 7

12. 当我与他人竞争，或者在旁人注视下做事时，我就会紧张发抖，无法发挥出真实的水平。

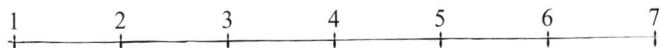

1 2 3 4 5 6 7

计算得分

请你按照下列评分标准为自己评分：

完全不符合	不符合	不太符合	有时符合 有时不符合	比较符合	符合	完全符合
1	2	3	4	5	6	7
↓	↓	↓	↓	↓	↓	↓
1分	2分	3分	4分	5分	6分	7分

请把你得到的所有分数相加，然后将总分除以 12，计算出平均分，并参照下面的信息判断你属于哪一类。

1.00 至 3.71（包括 3.71）：如果你得到的平均分在此区间，那么你属于不太敏感的人群。

3.72 至 4.66（包括 4.66）：如果你得到的平均分在此区间，那么你属于比较敏感的人群。

4.67 至 7.00（包括 7.00）：如果你得到的平均分在此区间，那么你属于高度敏感的人群。

青少年与儿童调查问卷

如果想知道孩子的敏感程度，你可以和他（她）一起填写下列问卷。此问卷由特雷莎·蒂尔曼博士与卡塔琳娜·埃尔·马塔尼（Katharina El Matany）、亚历山大·贝尔特拉姆（Alexander Bertrams）教授共同编写，特雷莎将此问卷应用于她的硕士论文（2016），并以学术论文的形式出版[①]。此问卷根据

---

① ［德］特雷莎·蒂尔曼，［德］卡塔琳娜·埃尔·马塔尼，［德］希瑟·杜特韦勒（Heather Duttweiler）：《测量教育背景下的环境敏感性——对讲德语的学生进行的验证研究》载《教育与发展心理学杂志》，2018，8(2)。

伊莱恩·N.阿伦与阿瑟·阿伦博士的原版问卷进行了翻译、缩减，并调整了一些用语，使内容更符合青少年的阅读习惯[①]。在此问卷中，1 表示问卷中的表述完全不符合实际情况，4 表示完全符合。在填写完成之后，计算出总共获得的分数，参考评分标准就可以知道你的孩子位于哪一个敏感度等级。青少年可以独立填写问卷。如果孩子年龄稍小，我建议家长陪同完成自我评分，如果孩子无法理解个别问题，可由家长为孩子答疑解惑。或者你也可以自己估量孩子可能做出的回答，并以此来评估孩子的敏感度。通过问卷调查，你可以了解到孩子的敏感性的表现方式。一方面，你可以和孩子一起认识并促进敏感的力量；另一方面，通过问卷调查的结果，你可以更准确地了解孩子何时更受敏感困扰。这样一来，你就可以有目的地寻找合适的方法，帮助孩子学习如何自信应对自己的感知处理方式。此调查问卷包含 10 句表述，可以从"完全不符合"到"完全符合"的维度来评估该描述与自身情况的符合程度。让你的孩子在最符合自身情况的等级上打钩（或由你代劳）。如果你的孩子不确定某些选项，或者没有选项符合孩子的情况，那么请勾选相对最符合的选项。请按照自身情况对所有描述进行（且只进行一次）评估。非常重要的是：因为这份问卷涉及孩子的感知处理方式，因此没有正确或错误的回答！

1. 我是感情细腻的人。

```
1         2         3         4
|---------|---------|---------|
```

2. 我对事物有深刻的感受，也有丰富的内心生活。

[①] 伊莱恩·N.阿伦的《发掘敏感孩子的力量》中发表了另一份针对儿童的调查问卷。

```
1 ———————— 2 ———————— 3 ———————— 4
```

3. 我特别注意身边的细微之处。

```
1 ———————— 2 ———————— 3 ———————— 4
```

4. 艺术、音乐和电影让我深有感受。

```
1 ———————— 2 ———————— 3 ———————— 4
```

5. 我经常会思考很深刻的主题（例如生命的意义、死亡、宗教）。

```
1 ———————— 2 ———————— 3 ———————— 4
```

6. 压力大的时候我希望可以从中抽身并一人独处。

```
1 ———————— 2 ———————— 3 ———————— 4
```

7. 有人觉得我很敏感、害羞。

```
1 ———————— 2 ———————— 3 ———————— 4
```

8. 我尽量避免超出我能力范围的情况。

```
1 ———————— 2 ———————— 3 ———————— 4
```

9. 当我在旁人注视下工作或做事时，我会很紧张。

```
1 ———————— 2 ———————— 3 ———————— 4
```

10. 没有陌生人在场时，我会表现得更好。

```
1 ———————— 2 ———————— 3 ———————— 4
```

计算得分

请按照下列评分标准为孩子评分：

完全不符合	不太符合	比较符合	完全符合
1	2	3	4
↓	↓	↓	↓
1 分	2 分	3 分	4 分

请把得到的所有分数相加，然后将总分除以 10，计算出平均分，并参照下面的信息判断自己属于哪一类。

1.00 至 2.25（包括 2.25）：如果你得到的平均分在此区间，那么你属于不太敏感的人群。

2.26 至 2.91（包括 2.91）：如果你得到的平均分在此区间，那么你属于比较敏感的人群。

2.92 至 4.00（包括 4.00）：如果你得到的平均分在此区间，那么你属于高度敏感的人群。

敏感人群的优势

提到高度敏感，很多人首先会想到敏感的消极方面，如脆弱性、对周围环境刺激的高度反应性[①]、快速的过度刺激、对压力的敏感性、易于抑郁、易于倦怠。但高度敏感也有着诸多优势[②]，因为具有显著敏感性的人有益处良多的积极经历：童年的安全感、受到关注、美好的体验、丰富的经历、优渥的生活条件、良好的教育、稳定的人际关系、个人晋升、健康、幸福，和喜爱的色彩、形状、气味、声音、味道，在大自然中度过的时光，以及生活中许多让一整天都变得甜蜜的小小幸福时刻。所有这一切都对我们高度敏感人群有强烈的影响，并给予我们力量。

因此，我们随时可以有意识地关注生活中积极的一面和我们的敏感，让自己从中得到启发和灵感。大致就像我在今天早晨所做的那样，我先注意到冬日清晨的光亮，然后是悦耳的鸟鸣。

> 敏感就像一个指路牌，指点并且启发我们如何生活。

---

① "环境……通常被广泛定义，包括所有无条件或具有明显条件的内部或外部刺激，其中包括物理环境（如食物、咖啡因的摄入），社会环境（如童年经历、其他人的情绪、所处群体），感官环境（如听觉、视觉、触觉、嗅觉）和内部环境（如思想、感情，或诸如饥饿、疼痛的生理感觉）。"（[德]科丽娜·格蕾文等：《环境敏感背景下的感觉处理敏感性》，289页，2019。）

② 敏感性研究者杰伊·贝尔斯基（Jay Belsky）教授与迈克尔·普鲁斯教授研发的"优势敏感性模型"证明了这一点。

越敏感的人，越容易从正面事件中获益。但我们应该清楚，出于天性，相比生活中美好的经历，不愉快的经历会对我们产生更加强烈的心理影响。我们在亲人逝世时感受到的悲痛与绝望，远比我们与他们分享生活的欢乐时强烈三四倍。因此，比起消极经历，积极经历需要更漫长的时间才能停留在我们的记忆里。

启发：大脑的感恩训练

消极经历从短时记忆变为长时记忆的速度比积极经历更快。神经心理学家瑞克·汉森（Rick Hanson）博士发现，美丽的事物必须在意识中停留10秒钟左右，才能从短时记忆变为长时记忆。你越是有计划地让自己充分享受生活中的积极体验，并有意识地感受它们，就越能够从幸福、美好、愉快的时刻中强化大脑结构。积极经历需要一定的时间才能进入我们的意识中并永久为我们所用。为了使我们的大脑与生活中的美好保持一致，我们需要有意识地规划时间以训练感恩之心。每一次成功都值得庆祝，这句话不是凭空而来的。充分欣赏美好的生活经历和成功，总是一个好主意。

在持续受益于正面事件这一方面，较为敏感的人可能比不太敏感的人更有天生的优势。原因在于：较为敏感的人一般会对自己所经历的事情进行深度处理，因而需要花费更多的时间。与敏感度较低的人相比，高度敏感人群可能会自动吸收更多的积极体验，使之进入活跃的记忆中心。但有一条规则适用于所有敏感人群：我们越有意识地享受生活中的美好时刻，我们对那些美好时刻的感知就越细致，我们在此投入的时间越多，那些美好时刻就越能影响我们的记忆和我们的现实生活。

如果你在进行以上尝试时，能做到既不评价也不评判自己，那么你就创造了第一个空间，在这个空间里，你可以自由地做任何事情。如此一来，你不仅能提高自己的敏感度，还能够学会如何独立且自信地处理刺激。在阅读本书的过程中，你会收获更多的启发、反思和实践练习，这些都有助于强化你的敏感意识。

如果你正因高度敏感而备受煎熬，请注意这样一则重要消息——你可以学会更自信地处理自己敏感的一面。在本书的第二与第三部分中，你可以获得许多相关启发和实践练习。

练习：强化敏感意识

如果你想有意识地感知和处理接收到的信息，我建议你抽出时间尝试：

▶ 与他人共情，从他们的角度思考问题。脱离自己的思维方式，设身处地为对方着想。这样你就能更容易理解他人的行为和反应。这是训练共情的方法。

▶ 如果你时常倾听自己内心的冲动，随着时间的推移，你将学会区分有益的心理冲动和破坏性的心理冲动。这是训练直觉和巧妙处理心理冲动的方法。

▶ 感知自己的身体内部，感受自己的情绪，多听听自己内心的声音。这是训练自我意识的方法。

2

敏感还是易感

挪威的夏天，蓝天白云、绿色的白桦树叶、远处的冰川交织在一起。年少时，我曾和父母一起徒步穿越北欧山脉的峡湾。绿松石般的冰块以一种奇妙的魔力吸引着我们。我们旁边的小路一侧，是一条河，河里流淌着融冰水，清澈见底，冰冷无比。即使那天的天气对远足来说太热了，但我们仍旧兴致勃勃。然而，我们的心情突然发生了转变。我们当时所经历的一切都发生在短短的几秒钟内。鸟群惊起，朝着天空警告似的鸣叫。我那时觉得胃不舒服，便停在原地，我的父母也停住了脚步，抬头望着。白桦树叶开始沙沙作响。起风了。一场短暂的暴雨后，空气变得冰冷。我起了一身鸡皮疙瘩。一声巨响后，我们目不转睛地看着冰川。巨大的冰川断裂了，轰然落入深处。我们很幸运：我们离得很远，可以安全地观看这一奇景。但我能感受到冰川断裂的每一处细节。我的身体收到了警报。

✳

　　我们可靠的感知频道指导我们做出下一步行动。或者说，它给了我们一种有益的冲动，让我们停下脚步，就像我年少时在那次远足中所经历的那样。我们的身体内部到底在发生什么？我们的大脑不断评估着我们所感知的东西，查验我们所处的情况：我们安全吗？我们的生命处于危险中吗？大脑研究员一致认为，这是由自然进化引起的应激反应。在原始时代，应激反应是保障我们生存的必要条件。在那个时代，我们只能选择战斗、逃跑或僵住不动——装死。如今我们的警报触发器则要求更多样的表现形式，而敏感在其中扮演着重要的角色。因为它让我们意识到，在平凡的日子里或者特别有挑战性的情况下，我们必须要为自己创造一个空间，在那里我们可以重回宁静。

　　工业化开始后，感伤主义文学时代开始没入沉寂，即便如此，人们依然憧憬着被情感和经历所感动。人们也憧憬着更多人性。这种矛盾的情绪似乎越来越强烈。

　　如今情况有了新的发展。越来越多的人被训练成演讲者，在网络上与他人分享自己的故事。人们完全可以对此持批判性观点，因为许多演讲者都展现出了自我表现的倾向。他们以一种鼓动性的表达方式侃侃而谈，触碰到了听众非常敏感的神经——感觉神经。此时，他们演讲的内容往往不重要了。甚至有的时候，演讲中的某一句话就已经胜过万语千言，因为它能说到人心坎里去。当演讲者将自己的个性与情感投入这句话中时，这短短的一句话便有了触动听众心底深处的力量，鼓励着他们在生活中做出渴望已久的改变。

你肯定有过这样的经历：当你必须学习一些你并不感兴趣的内容时，你总是记不住它们。因为这些内容既不会给你留下深刻的印象，也不会为你带来积极的情绪。之后你必须常常补习并不断复习这些内容，直到最终掌握它们。这也是我们学校制度的问题。如果你不够幸运，没有循循善诱的老师激励鼓舞你，那你的学习之路便会很坎坷。我在学校里费力学习了那些枯燥又松散的内容，后来才发现在实际生活中几乎用不到它们。如果我那时就知道，有意识地运用自己的情绪可以更轻松地学习，那么我就可以省去许多盲目学习的时间。在本书的第三部分中，你可以了解到情绪学习的原理，以及为什么情绪是纯粹的力量。

现在有越来越多的年龄各异的人，可以通过撰写个人情感文章和书籍、制作博客和拍摄视频，借助互联网和社交媒体在短时间内获得较高的知名度。他们讲述自己的故事，向全世界展示自己。他们也激励着网络上的粉丝去做同样的事情：深入探究那些造就了自己以及在心底沉睡的东西。正如演讲者也会触碰到自己的神经一样，我们渴望重新感受自己，渴望与他人深入接触，还有越来越多的人渴望回归自

练习：真正重要的是什么

你知道生命中真正重要的是什么吗？请你为自己创造一个空间，并探究它。请问问自己：

▶ 我的哪些需求特别重要并且应该得到满足？

▶ 什么能够让我感到快乐？

▶ 对我个人而言，还有什么是特别重要的？

▶ 什么能够让我感到富有？

▶ 在哪些情况下，我真正感到幸福？

写下你的答案：

▶ _____

▶ _____

▶ _____

然。有些人想变得富裕，从而能最大限度地享受自由和奢华的生活；有些人则希望生活得井井有条，并努力追求着一个相反的方向——减少消费，留些空间给必要的东西。财富的观念正在改变。今天的富人不再是拥有大量金钱的人，而是为自己创造空间的人。在这个空间里，人们可以花时间去接触内心深处的自己和其他人；在这个空间里，人们可以度过美好的时光。

干扰？敏感在绩效型社会中的意义

当生活变得越来越匆忙慌张时，当我们不得不在紧迫的具体目标下苦干而忽视健康风险时，敏感会发生什么变化？当人们几乎没有时间顾及工作以外的生活时，大家会发生什么变化？

很多人在工作中和私人生活中都承受着巨大的压力。在绩效型社会中，有些人成功找到了自己的位置，有些人则不然。人在什么样的条件下能把哪些素质和能力应用于社会中，与他的敏感强烈程度有关。可以肯定的一点是：如果没有敏感，我们的内心就是空虚的。我们要意识到，不论是在工作还是私人生活中，敏感都是我们的宝贵财富。否则，我们怎么能和自己喜欢的人一起享受美好、亲密、和睦的时刻呢？否则，从事社会服务、医疗、护理、教育、心理、牧师、音乐、艺术、创意、设计等行业的人，以及承担领导、顾问等角色的人怎么才能做好本职工作呢？只有当我们有意识地将自己的敏感融入性格，敏感才能成功发挥其巨大的潜能。

俗语"印第安人感受不到痛苦"已经过时了。[1]

我发现，越来越多的人已经认识到了这一点。他们正在寻找一种方式，使他们能够有意识地保持自己温柔的一面。

---

[1] 德国小说《银湖宝藏》中说："一个印第安人从小就锻炼忍受肉体上的痛苦。因此，他能够忍受住最严酷的折磨而不动声色。也许红种人的神经没有白种人那样敏感。"——译者注

我已经观察了一段时间，很多高度敏感人士尤其有强烈的讲述欲望，他们想要讲述自己的经历，引起旁人的兴趣。他们希望可以与自己的高度敏感和解，也希望可以弥补自己和他人意识空间兼容不足的问题。这是一个深度疗愈过程，有助于了解和接受敏感的方方面面。此外，这也是找到新的解决方案和人生规划，并踏上适合自己的道路的前提。

如果我们把敏感性问题与两性联系起来看，就会发现另一个对立的事实：心理学家、心理治疗家汤姆·法尔肯斯坦（Tom Falkenstein）在杂志《今日心理学》关于高度敏感的采访中提出，女性比男性更容易接受敏感[①]。在法尔肯斯坦位于伦敦的诊所里，曾多次有过富裕、受过良好教育的男性来访，他们觉得自己从小就太过敏感，这种感觉常常与他们的男子气概相冲突。他们也常常因自己比旁人更感性而遭到排挤。法尔肯斯坦为此专门写了一本关于高度敏感男性的书。法尔肯斯坦传达的信息非常明确：存在被过度的外部刺激压垮的可能性时，男性当然也有自我安抚与选择退缩的权利。此外，在法尔肯斯坦看来，现在比以往任何时候都更需要敏感、能共情的男性。尤其是在政治领域，在冲动地发布推特之前，先倾听并在更深层次上进行理解是非常有意义的。这有助于放缓事态，让大家冷静下来。

此外，法尔肯斯坦还呼吁女性接受男性的敏感。他说的

[①] 到目前为止，科学研究只区分了男性和女性。本书中仅提到男性和女性，并非刻意排斥双性人，而是因为缺乏对双性人的了解和经验。

练习：敏感还是易感

你知道吗？在大多数时候，你可以尽情享受生活中的美丽时刻。但有时候，你会无比渴望一个用来调节感知与感受的按钮。为什么会这样？因为我们生活在一个充满刺激的世界里，如果我们不能有意识地采取相应对策，就将被形形色色的刺激淹没。在这个时候，敏感度——取决于其程度——可能会成为一个巨大的挑战。因此，我想请你拿出纸笔，思考以下几点：

▶ 在什么时候，我的感知能力会让我感到烦恼？

▶ 在哪些情况下，我表现得很敏感？

▶ 在什么时候，我会感觉特别好？

▶ 在哪些情况下，我可以完全接受并享受生活？

你想把想法写在纸上吗？太好了！现在你手上握着把控生活的新方向盘。简单来说，你需要做到：少一些反应敏感，多一些开放接收。

是的，我知道这说起来容易做起来难，而且它听起来多少有些平淡。但我还是坚持这个观点。那些你乐于接纳的经历，是给予你欢乐、力量的精神食粮。因此，你应该多多憧憬并创造这样的美好回忆。面对其他挑战，你可以灵活采取相应的策略，简化挑战。处理生存问题时，你往往需要花费更多的时间、耐心、勇气和信任，甚至可能面临情绪上的挑战，包括对工作状况、人际关系、生活情况、营养膳食、行为方式、交流沟通或人生信条及信念的新想法和新观念。你要时刻记得，当你踏上征途时，你拥有改变一切的力量。

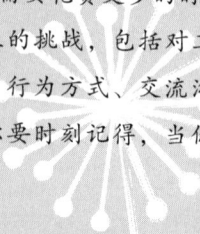

没错，正如男性必须尊重女性的愤怒与力量，我们女性也应该对儿子、兄弟、丈夫和父亲的敏感敞开胸怀。

敏感的认识境界

德国波鸿鲁尔大学哲学教授布尔克哈德·利布施（Burkhard Liebsch）在他的著作《人类敏感性——灵感与负担》（*Menschliche Sensibilität – Inspiration und Überforderung*）的前言中写道："网络上广泛且轰动地上演着形形色色的暴力行为，这让人不禁对这种敏感……产生了强烈的怀疑。"利布施所说的"这种敏感"实际应该是一种理所应当的敏感，因为它基于这样一个事实，即我们作为人类都是彼此相关的，应当把对方当作兄弟姐妹来理解、看待和尊重。那当我们面对陌生人时，我们如何才能感受到与他们之间的关联性与责任感？对于这个问题，我想和大家分享一下我的想法：我相信，要是将人类多样性作为世界文化的价值基础，我们彼此间相处起来就会容易得多；我们不仅要相互理解，更要感同身受。我们迫切需要更高水平的情感与精神能力，才能在人类多样性方面发挥建设性作用。于我而言，所谓建设性，既是轻松悠闲的相遇，也是热火朝天的讨论、争执与不安——只有在你愿意和其他人（包括陌生人）接触的前提下才能实现。而原始的暴力和教条主义则具有破坏性和不妥协性。

就相互理解而言，我还有一个惊人的发现：那些在社交媒体上传播的令人不快的声音，也出现在了高度敏感的论坛上。在某些情况下，甚至会在论坛上展现出敌对姿态。怎么会这样？我从自己的经验和与许多敏感人士的接触中明白了：那些能够感受到细微差别的人，往往要以更高的心理"受伤风险"度过一生。问题在于，我们要如何对待脆弱性。要练习宽恕吗？要提高个人价值吗？要锻炼情绪复原力吗？还是要反过来针对伤害的始作俑者？

我们在自己和他人身上能够看到什么，取决于我们把注意力放在哪里，是放在我们感激的事物上，还是放在困扰或伤害我们的事物上。这一点适用于所有人，无一例外，即便是高度敏感人群。是捍卫自己，还是与生活中的苦难握手言和？由你自己选择。

事实是：我们总会遇到敏感度与我们完全不同的人。敏感度较低的人处理问题更表面，他们可能会寻求强烈的刺激，进而感受世界。较为敏感的人可能会把这看作是一种极端行为，甚至会拒绝并谴责这种行为。

反之，较为敏感的人不会被人注意到、被嘲笑、被当作疯子，因为他们会对最细微的环境刺激产生反应，即使是别人根本感知不到的刺激。神经敏感研究者帕特里斯·维尔施（Patrice Wyrsch）指出，敏感是一种记录和处理环境刺激的能力①。这意味着：特别敏感的人可以处理别人无法感知或看

---

① 帕特里斯·维尔施在此提到神经敏感（Neurosensivität），该概念由迈克尔·普鲁斯教授于 2015 年所创。

见的环境刺激，比如能量场和联觉。（联觉，指对一种感官的刺激作用触发另一种感觉的现象。有了联觉，人们便能够在听到音乐时，看到对应的颜色或形状；感受字母；品尝文字；感知有颜色的数字。）

如果我们常常能意识到这一点，就可以不再浪费精力去调整、捍卫自己，或是评判、谴责他人，抑或把自己伪装成另一个完全不同的人。相反，我们可以合理利用

> 最新心理学研究表明，认为只有被自己感知到的东西才存在，是不合理且不理性的。
> ——帕特里斯·维尔施

精力，向他人敞开心扉，对他人充满好奇，以欣赏的眼光看待其他人。哪怕我们完全无法理解他人的行为，依旧应该那样做。我们应坚信，人们普遍不甚了解敏感的多样性，而这恰恰能解释为什么人们常常互相拒绝，互相猜忌。事情究竟如何，我们无从得知。事实是，每个极端不仅带来了挑战，也带来了优势。而这正是我们应该关注的！

敏感于我们而言是灵感还是负担，取决于我们看待敏感的角度。希望我的这本书能够帮助你了解敏感，让你可以发现自身柔软一面的丰富性，并感受到其积极的

> 我们要么沟通交流，借此发现共同的价值观和主张；要么互不理睬，互相谴责，引发冲突。

力量。敏感是内在力量的源泉，它能帮助你衡量真正适合你的决定和人生道路，创造真实、强大且有益于人际关系的方法——不仅为自己，也为他人。

开放接收——为自己，也为他人

如果抛开社会发展中的诸多灰暗色调，暂时只谈黑与白，我们就可以注意到，越来越多的国家正处于艰难境地，人们对强势领导的呼声越来越高。另一方面，可持续的、社会性的、生态的和面向未来的、跨越国家边界的倡议也日渐增多。

而这和敏感有何种联系？敏感且易感知的人，可能对变化、动向、变革以及新趋势也很敏锐。问题在于，人们如何处理敏锐的感知。你会抑制这种感知吗？你会默默承受着这种感知吗？你是否陷入了受害者心态？或者说，你会求助于他人、使用适当的方法，让自己更强大，能够建设性地探究预见、远见、幻想、梦想或联系现实吗？以前，当我完全敞开心扉，接纳周围环境或世界上的种种时，我很快就会不知所措。如今，我可以大胆地看、了解种种不同的话题，坦然面对生活中的混沌。只有这样，我才能在社会中找到自己的方向，并积极地塑造它。这对我来说很重要，我也想鼓励你这样做。你不要只是做个旁观者，也要参与其中。因为一场巨大的制度变革必将到来。地球升温，物种灭绝，两极融化速度加快，"地球之肺"在燃烧……无论我们人类是否准备好承担责任，也无论我们何时准备好承担责任，我们的生活都将发生变化。越多的人参与到这场变革中来——不仅是客观事实上的，而且是情感上的——我实现愿望的机会就越大。而我的愿望是，这场制度变革可以平静地进行，没有斗争，也没有战争。

事物的本质在于，变化总是会带来不安和动荡。但是我们可以自己决定，是远离自己和周围的人，封闭自己，还是和自己的本心、他人相拥（即便是在危机之时）。你也可以自由决定，以何种情绪来迎接自己、他人和生活中的变化，比如恐惧和抵触或是愉快和惊喜等。是用一生的时间来评判，还是倾听自己以及他人，由你自己选择。

让我们再次切换到"接收"状态。我们应该始终接受我们的生活方式、我们在世上所成就的东西。

3

敏感新内涵

过去，敏感被视为一种具有挑战性，甚至可能令人讨厌的品质，而现在我们越来越清楚，我们需要以一种新的、宽容且尊重的方式来看待我们的敏感和感受。各个企业也迫切地追寻着情感管理理念。就三个大体相当的敏感群体来说，让敏感度较低或较高的人去适应"适当敏感人群"以及社会的期望是毫无意义的。这也从未奏效过。人无法扭曲自己的品性。人们如果想要自我发展且已经知晓了发展的可能性，或者做到了有意识地寻找方法，就可以实现自我发展。问题仅在于，人们要把精力花在什么地方。我们如果将自己封闭起来，不接受显而易见的种种敏感，就只能把精力先浪费在认同自己的本质存在上。如果让我们对敏感的认识在我们心中发挥作用，我们就会觉得受到关注，可以直接发挥个人潜能和天赋！

敏感知识必须成为所有人的教育标准。

　　我们要改变社会体系，这样才能成功。我坚信，现在是时候深入研究人类敏感的潜力了。我们必须认识到，在家庭中、朋友间、工作场所里，以及政治、社会、经济和教育等诸多领域，敏感都具有高度的现实意义。

　　我们也需要传播关于感知处理方式的知识，并练习处理敏感的能力，而不是压制我们的敏感或给它贴上讨厌的标签，又或者否认敏感的重要性。

　　人与人是平等的。但他们不是相同的。他们也不一样敏感。对于人与人之间的这些差异，每个坦诚面对自己和内心世界的人都能感受到。每个人对此的反应都不一样——有的人更敏感，有的人更粗线条一些。我对敏感的看法很明确：就像呼吸一样，敏感也是生命的一部分。想象一下，如果你在一夜之间再也感觉不到或感受不到任何东西，你会怎么样？如果你对自己或伴侣几乎没有任何感情了呢？如果你再也感觉不到身体发出的信号，不论是愉悦的碰触还是痛苦的伤害，又会怎样呢？如果你既无法感知大自然的美丽，也无法嗅到每天飘散到空气中的恶臭废气呢？如果被污染的大海和干旱的土壤不再让你感到胆寒呢？如果细微的气味、快乐的时刻、特别的邂逅、电影的刺激、皮肤感知的舒适、美丽的风景，抑或是与家人和朋友的温馨时光，都在你不经意间流逝呢？失去敏感无异于全身麻醉，让你和生活断掉了所有联系。

接受自己的敏感并且愿意展现自己的脆弱的人，展现出的是勇气与力量。

系。从这个角度看，敏感甚至是像人寿保险一样重要的东西。

大家都可以将自己封闭起来。这比展示自己真实的一面——暴露自己所有的优点和缺点——要容易得多。比起将自己封闭起来，不让任何人接近自己，将自己完全敞开需要更多的勇气。因为那些敞开自己的人，会进入完整的生命共鸣中去。但他们同时也面临着从情感上伤害自己或他人的风险。不过，只有这样，才能真正体验到亲密与责任，才能让自己有幸福感和归属感。如果将自己封闭起来，让自己显得冷酷，那你不仅隔断了生活中的挑战和所谓的不愉快，也拒绝了与他人亲近以及因此而产生的种种可能性。请你问自己两个问题：你的敏感潜力是什么？你的感知能力为你提供了哪些可能性？你可以通过第 37 页的练习来寻找答案。

改变观点——为什么我们需要对多样性有新的理解

近些年来，职场中越来越多的人坚信，将个性不同的人聚集在一个团队中是有意义的。多样化是一个神奇的词。实践表明，多样化的团队尤其具有创造性和生产力，因为拥有不同技能和条件的人可以从许多不同的角度来研究一项任务，并得出更全面的解决方案。事实证明，高度敏感人士在这方面做出了特殊贡献。他们既提高了整个小组的幸福感，也提升了成员的合作意愿。原因在于，高度敏感人士对环境

练习：敏感的潜在能力

在上一次的练习中，你将敏感好的一面与坏的一面都用文字表达出来了。现在让我们进行下一步，想一想，你的敏感在职业生涯与私人生活中蕴藏了何种潜力？——恰恰与敏感的显现程度相同。

敏感对我的优势和能力做出了何种贡献？

▶ 我有哪些优势和能力来源于敏感？
▶ 我工作中的一个例子：

　我的敏感使我能够在一定程度上感受到对方的情况。当我和其他人在一起时，我很快就会感觉到，谈话是否在朝着有益的方向发展，我的客户是否感到舒适。这样一来，我就可以有意识地引导谈话，并积极地塑造谈话。

你可以联想到哪些例子？

▶ _____

▶ _____

▶ _____

▶ _____

▶ _____

中的细微之处有着特别的认识，能较快地处理信息，具有良好的共情能力和正义感。因此，将敏感定义为一种资源并加以利用，就显得更加重要了。

帕特里斯·维尔施现于伯尔尼大学组织与人力资源研究所攻读博士学位，研究企业中的神经敏感，他认为高度敏感有以下潜在优势："通过研究，我们可以假设，公司将从敏感度多元化的员工队伍中获益。我们也有理由相信，高度敏感人士可以成为宝贵的领导者，他们是成功的创新管理的基本组成部分。"这一点不足为奇，因为凭借高度敏感，他们可以更快地发现机会，并迅速调整好自己。这一点在需要共情、创造力和创新意识的工作中尤为明显。然而，要在同事之间辨别谁更敏感或谁更不敏感，却不是一件容易的事。但易于兴奋、刺激阈值较低以及审美敏感性都是高度敏感人群的典型特征。

目前人们会考虑的多样性层面主要是年龄、性别或心理性别、性取向、宗教和信仰、残疾、种族或国籍。而人们在感知、信息处理、情感和敏感性方面的差异，即神经系统方面的多样性，却不在考量范围内。我认为这是有所疏忽的地方。

我们如何看待差异，是缺点，还是优点？

比如自闭症患者，他们已经通过特殊的感知处理方式有针对性地把自己的优势带到了经济领域。明白了这一点的企业，不再以亏损的眼光看待自闭症患者，而要看到他们的优势与潜力。例如，Auticon

公司 ① 在其网页上就投放了这样的文字：自闭症特征在信息技术与数据领域是难能可贵的闪光点。自闭症不是先天性的、深层的发展障碍，而仅仅是与众不同的状态。Auticon表示，自闭症不是障碍，不是疾病，也不是系统错误，自闭症是不同的操作系统。该公司拥有一些患有自闭症的员工。他们的与众不同常常被称作"疾病"，但如今他们甚至可以运用从所谓"疾病"中产生的能力创造价值，这证明了多样性的积极一面。

> 差异是正常的，是时候尊重这一点了。

　　为什么我们很难意识到，差异不仅是可理解的、正常的、自然的，而且是有意义的？如果不是这样，进化就已抹去所有差异了。

　　如今，在"神经多样性"这一术语下，已出现了一种替代概念，可以取代以病理性 ② 和残障为导向看待神经生物学差异的观点。这种替代概念摒弃了对相关少数群体的病理学观点，并将自闭症、多动症 ③ 等看作人类多样性的自然形式。然而，我们似乎创造了越来越多的笼子，将人与人区分开。高度敏感也是其中一个笼子。为什么我们要将人分类呢？为什么越来越多的人会试探着看哪一个笼子适合自己或孩子呢？我的丈夫斯特凡（Stefan）是研究情绪的，当我和他谈

---

① Auticon 是一家国际信息技术咨询公司，专门聘请自闭症患者担任信息技术顾问。——译者注

② 术语"病理性"（pathologisch）源于医学领域，意为"疾病"。

③ 多动症，全称为"注意缺陷多动障碍"（ADHD）。

起这个问题时，他说："基本上，这是对我们社会自身问题的一种系统性反应。一个人设定的理想人生道路越窄，对自然差异越不认可，神经系统多样性的空间就越小。越来越多的人感到不舒服，感觉自己不正常，于是他们开始寻找答案。终于他们在许多使神经多样性具象化的概念中找到了答案。"

我们应该关注人们的潜力，而非通过界定谁是健康的、谁是患病的或精神错乱的，来将人们污名化。詹娜拉·尼伦伯格（Jenara Nerenberg）是一名记者兼制片人、演讲人，同时也是"神经多样性项目"创始人，她主张，谈论我们的内心情感应该像谈论天气一样平常。如果这样，我们就不再会把高度敏感视为一种障碍，而是会看到其中多样性的力量。即便面对我们从未料想过的人格结构，我们也将会有机会认识其多样性。我们就不会再去探寻一个人可能患有的疾病，而是开始真正地认识对方。改变别人是行不通的。越来越多的人意识到，当人们——无论敏感度高低——都能把各自的优势发挥出来，并被周围人接受时，他们才会感到无与伦比的快乐。

预见性——我们的敏感性对采取有意义的行动有多重要

我越来越频繁地问自己，人类是否真的是一种有智慧的高级物种。我们似乎已经在热衷于发明和探索的同时，丧失了自己的敏感性。而恰恰是敏感能使我们谦恭，让我们能够权衡风险、预见性地感受世界。为什么人类只占所有生物的0.01%，却造成了83%的野生动物和50%的植物的灭绝呢？而这只是人类对地球所犯下的种种罪行之一。其他罪行不胜枚举。我们不仅侵害了动植物的多样性，还引发了人类内部的多样性斗争。直至今日，斗争未歇。因为我们中许多人的真实面貌不被接纳。我们迫切地追寻着同一，而非平等。

也许有一天，我们会意识到，土著民族是最有远见的，因为他们对自己的家园表现出了极大的尊重，并以实际行动守护着家园。土著民族曾警告过我们，过度开发人类自己和大自然会造成严重后果。我们也许有一天会陷入痛苦的悔恨中，后悔没有听他们的话。我们将不得不面对人类的傲慢和狂妄所造成的全球性后果——不仅在物质世界，也包括情感世界。当我们意识到，自己在对待周围的多样性与财富有多么挥霍无度时，我们不仅要面对残酷的现实，还会感到深深的痛苦。

我生活中有这样一个例子：当我沿着最喜欢的海岸散步时，我意识到，只要海平面再上升几米，不仅仅是个别几处，整个海岸线都将淹没于大海之中。同时，我也意识到，我的丹麦之旅也在一定程度上（尽管是在很小的程度上）加剧了气候变化。但我还是放不下这个既能让我专心写作，又能让我放松身心的地方，况且它还是我的第二故乡。不过我已经在寻找对我来说有着类似功效，且距离更近的地方了。这听起来很合理。

在权衡选择时，我的内心会涌动些什么？每当我处理生存所必需的各种疑难问题，以及考虑我可以做什么或改变什么时，我的内心就会产生一种痛苦。我越频繁地忍受这种痛苦，越少将自己的情绪定性为消极事物，只是单纯地让它在身上流淌，我就越能学会建设性地处理这种痛苦，并把它变得有意义。从前我常常麻痹自己，压抑或刻意回避问题。如今，我每天都能更好地面对自己的情绪，将其转化为一种力量，促使我在生活中做出改变。先从小处入手，从改变自己开始，再通过我撰写的作品，改变世界。

启发：敏感的智慧

你在生活中的哪一个瞬间意识到，你明明有本想改变的事物，却又对其视而不见？你出于何种原因对其视而不见？大多数时候是因为我们不想体会那种不愉快的感觉，而我们或许还没有学会如何应对这种感觉。当我们开始活出自己的敏感，也就学会了如何处理自己的情感世界。我们的思考能力和敏感就会组建一个强大的联盟。不妨试一试，直面自己的恐惧。只有这样，你才能有所行动，确保你所害怕的事情不会发生。举个例子：

我们的生活方式极度侵害周围环境，越来越多的人意识到了这一点；但长久以来，并不是每个人都会采取行动改变现状。为什么会这样？对我来说，只有当我无比清晰地感受到某个问题时，我才会意识到它的严重程度。这时，一种能够开启改变的强大能量就会从情感中迸发。如果我们只是客观地看待一个话题，简单谈一谈它的现实意义，然后仍旧像以前一样，那改变就很少会发生。如果我们只是用脑袋想，而不用心感受，可能几年后我们就会被那些我们所畏惧的东西追赶上，因为它已经成了现实。但是，如果我们有勇气去感受，那么我们的情感就会给予我们改变所需的力量。

多样性 —— 今天为何正常，昨日又有何不同

在对人类多样性的认识扎根心底前，在我们为多样性敞开心扉前，科学研究不断为我们提供重要的研究成果。多亏了它们，我们才能够推动人类与多样性和谐共处。

随着对敏感群体的了解，关于高度敏感的研究为厘清我们人类是谁、我们如何思考提供了新的启发。这表明，"人类多样性"刺激了我们的进一步研究。不过我不喜欢现在关于敏感的争论，因为一些高度敏感的人喜欢把自己放在救世主的位置上。但在环境污染或消极事件方面，他们确实可以

成为社会的"预警系统"。在自身健康极限与社会界限将被突破时，那些更深入地处理所感所知的人可以更快察觉到。此时的高度敏感就像一个精密的测量仪器，但我认为，这还不是高度敏感最宝贵的价值。

高度敏感人群的细微触角所带来的能力，对解决可能出现的问题并非没有丝毫意义。但解决方案必须是由不同人群制订的，否则它们就会因忽视人类需求的多样性而变得毫无价值。

了解敏感的多面性可以帮助我们更好地理解自己和周围的人。敏感的相关知识必须进入教科书、报纸、网络杂志、幼儿园、小学、初高中、大学以及公司。但这还不够。重要的是，我们如何处理这些知识。我们要用这些知识搭建桥梁，还是拆除桥梁？如果我们想找到解决现实问题（小到我们的家庭中或朋友间的问题，大到我们的社会甚至全球面临的挑战）的办法，就必须让尽可能多的人团结起来，共同努力。所谓"共同"是指，我们需要对自己和他人产生比以前更深的认识和感受。认识自己柔软的一面，能够丰富我们的内心。让我们重新开始感受对自己和他人的爱，谨记非常明确的一点：

敏感是一种力量。

我们如何与自己和他人和谐相处

终于找到了"我的主题"。我满怀热情地做了很多工作，可谓投入了 120% 的心力。我发现了一个点燃我内心火焰的东西：高度敏感。我的目标是，和其他人分享我的经验和知识，帮助他们以一种新的方式处理自己的高度敏感。但渐渐地，我的柴火用完了。我一直忙着燃烧，却忘了添新柴火。

这是一个多年前就开始缓慢前行的过程，过程中展现的信号越来越清晰、显眼：注意力不集中、时而压抑时而亢奋、贪吃、陷入情绪负向循环和沉思、质疑自我价值、常常小题大做、烦躁不安、思想阴暗、身体欠安、激素异常，先是感到耳部神经抽搐，后来上腹部时不时有压迫感。一直以来，我都能完成该做的工作，并应付好日常生活。但这耗费了我大量的精力。我越来越没有精力，变得萎靡，无法以自己的方式追求理想。我总是感染流行病，变得更腼腆、焦虑、脆弱。我怀疑自己的婚姻，避免提起不愉快的话题，在很长一段时间里，我都不敢在婚姻中任何一个重要问题上为自己发声。一切都让我精疲力竭。虽然我逐渐减少了工作，开始关注真正重要的事物（在今天看来，这确实是一种收获），但我已经沦落到无法再以积极的态度继续生活的地步了。

在那段时间里，我最喜欢说的一句话是："对我来说，这一切都多到难以承受了。"这让我的自我形象大受打击。长久以来，我一直坚信自己走的是一条正确的路，我只需清除内心的一些障碍就好。现在我才意识到，我还在不自觉用着那一套所谓的"人格发展方案"：即使已经很久没有好起来了，也要撑住、坚持住、继续抗争、继续前进、永不停歇、不计代价。否则就会一事无成。现在，我找到了"我的主题"：高度敏感、写作、教练、讲座、工作坊、研讨会、读书会。我想为此全力以赴。我当时认为，我已经尽可能好地照顾自己了：每天和狗狗一起散步；热火朝天地筹备高度敏感大会时不忘参加正念减压疗法（MBSR）①的课程。一切都应该是井然有序的吧？遗憾的是，在很长一段时间里，情况并非如此。我察觉到，有些事情不太对，我必须改变一些东西。

高度敏感大会开始后，我就染上了流行病。但我还是站上舞台，念了开场白，并按照原计划扮演主持人的角色。几乎没有人注意到我的实际情况。自律可以解决很多难题，我已经习惯了。然而在身体方面却遭受了巨大的打击。我甚至

---

① 一项为期 8 周的课程，学员们根据乔·卡巴金（Jon Kabat-Zinn）的疗程，学习运用自己内在的身心力量为自己减压。MBSR 即 Mindfulness-Based-Stress-Redcution，意为"正念减压疗法"。

生平第一次在晚上嚼原汁原味的生姜。这样确实缓解了病情，我在第二天感觉好一些了。不过在之后的几个月里，我越来越清楚地意识到，高度敏感大会之后，我还没有真正地好起来。我明白，我迫切地需要关注自己的健康，照顾好自己。我已经制订好 2018 年的年度目标了，而我的情绪却仍隐藏在一片迷雾之后。

迷雾在大会后 8 个月便意外散去了。我在一次研讨会上接到了两个工作坊任务，我想将差旅提前，这样我就可以提前一天到目的地休息放松。我已经养成了利用这样的机会和

> 那些不适应这个世界的人，其实已经快要找到自我了。
>
> ——赫尔曼·黑塞
> （Hermann Hesse）

自己约会的习惯。这样就有机会远离烦琐的日常，自己独处。我已经收拾好了我的绿色小箱子，准备出发。我乘坐的城际火车（S-Bahn）还未达到中央车站，却已经在半路停工了，这也不是什么稀奇事儿。但当广播宣布，因我们前一趟列车出现技术故障无法继续行驶，所以我们那一趟车也无法行驶时，我不禁想道："那我就可以直接回家了。"但我又自言自语道："胡说八道！为什么要回家？如果没坐上这一趟车，那就坐下一趟车。"各种想法和情绪又循环了几圈后，我乘坐的那辆城际火车又快速地飞驰起来。我终究会准时赶上列车的——更何况，我将乘坐的那辆城际特快列车（ICE）因车门故障还停在汉堡的阿尔托纳区（Hamburg-Altona）呢。当列车终于驶入时，我找到了自己的车厢，提着我的绿色小行李箱跑到座位上。今天的行李箱奇重无比。

我费尽力气把行李箱搬到架子上后，就听到一则广播："故障尚未解决，请耐心等候。"过了一会儿，又传来下一则广播："由于无法解决车门故障，本车暂停运行，请在车厢门口等候。车门将依次打开。"我从来没有经历过这种情况，现在我居然还要重新订车票。幸好我订到了下一趟快车的最后一个座位。

列车驶入车站时，"隆隆"地从我身旁经过，我试着寻找我要乘坐的座位号，但并没有找到。内心的不安蔓延开来，并逐渐占了上风。我需要一颗定心丸。我的定心丸就是我的列车和预订的座位。那会儿我并没有想到，可能不预订我也会有位置坐。我的身体和心灵已经掌握了控制权，因为它们已经知道，我可能没有力气再进行这次差旅了，不论在何种情况下。只不过我还没有意识到这一点。我在正念减压课程中获得的平静在这时失去了效用。我对生活的信心也突然消失了。我就这样定在车厢里。突然我听到站台上一位女士说："哦，要到汉诺威之后，才能正常安排座位，这是旅行服务中心的系统故障，这事儿常有。"听完后，我的目光暗淡下来。

我转过身，内心迷惘。眼中蓄满了泪水。眼泪越来越快地滴落。我很久没有这么大哭一场了。当时我完全刹不住车。不知怎么地，我也不想刹住。我哭着离开车厢，穿过走廊，哭着上了城际火车，坐上车后，眼泪仍在脸颊流淌。慢慢地，我意识到自己是多么的疲惫和无力。但我仍旧在逼迫自己，思绪转得飞快："你得计划明天的行程。明天再坐车去。你必须得去，如果演讲者缺席了，那像什么样子。"

我害怕不能实现对自己的期望。到达汉堡郊区的小型旅行服务中心时，我一定像个疯子一样。我挥舞着双臂，说着我没坐上这一趟车，另一趟车上又没有我的位置。这对我来说太过分了，我一定——当然是免费地——重新预订明天的车票。因为服务中心的工作人员对我的遭遇感同身受，她免费帮我预订了第二天的车票。我离开了旅行服务中心，心里稍稍平静了一些。我给丈夫打电话，他正和生意伙伴规划公司的未来。我心中突然升起了一种许久未有的感觉：羞愧。我很羞愧，我不得不中断行程，没能按照计划行事。我很羞愧，我没有力气完成任务。我又开始哭了。

丈夫试着安慰我，他让我先回家。到家后，我跟跟跄跄地投入他的怀抱。过了一会儿，他松开了我，我便靠在门上垂头丧气。我忍不住跪在了地上。这是我人生中从未发生过的一幕。

渐渐地，我平静了下来，清醒了一些。我把我的想法和感受尽量清晰地整理出来，然后到办公室去润色我的报告。我下定决心，第二天一定出发工作。我还是不能接受健康比工作更重要这件事。保持节奏，但，是什么节奏？我已经很久没有以适合自己的节奏工作了。我了解过自己的节奏吗？

那天下午，我的母亲把孩子们接回了家。她看着我，马上就明白了是怎么回事，她让我做出了正确的选择。我给主办方发了一封邮件，说明我因病不能参加工作坊。

多失败啊！但我还有另一种感觉，与我的执着坚定完全不符的感觉：解脱。解脱与感恩。感恩是因为，我终于可以休息一下了。

检查后发现，新陈代谢紊乱导致了我易感染、体力不支、身体欠安，甚至最后情绪极度失控。我意识到，不能将心理以及身体反复出现的信号仅仅当作暂时的压力症状。我的视角变得更加全面。然而，要理解新的认识，并将其融入我的生活，并不简单。相比之下，对它们进行专业分类，并将它们与我对高度敏感的认识相融合，会简单一些。我需要时间来消化一切，回归我的中心，找到新的节奏，我的节奏。我花了几个月的时间，才能够接受自己的身体有以前不知道的需求，才能接受我总是有一些脱离节奏。

直到我真正准备好接受生活中的这种不和谐，并将其视为一种机会，建设性的改变才得以开始。现在，我把精力和注意力集中在建设性地处理我的需求上，并以健康、可持续的方式开发我的潜力。我并不担心下一次身体或心理崩溃的到来。

首先，我继续放慢脚步，开始谈论那些我曾避之不及的话题。由此开始了身心层面的排毒过程。如今我又好了起来。我可以带着感激之情回顾这段时光，因为它为我打开了我从未见过的新的世界的大门。我越来越注重那些对自己、家人、朋友、社交圈、生活空间来说真正重要的东西，我越来越干

> 如果想成为强者，就必须停止与自己的弱点斗争。

脆地丢掉所有不适合我的东西，一个都不保留。但我反而觉得自己有所收获。而我也正在培养勇气，走上我梦寐以求的道路。

我现在比以往任何时候都更清楚我自己是谁，为什么会在这里。我为我自己和我的需求发声。这些都是我的力量之源。我的征途还在继续。为我自己，也为了与我一起生活、让我的生活变得丰富多彩的我最爱的人。

看到不足，接受不完美，并理解"脆弱是人之常情"，这需要勇气。但勇气不是万能的。你如果想找到自己的节奏，必须倾听不同的声音和不和谐的声音，不论是内部的，还是外部的。当乐队狂响或沉寂，而你作为指挥却无能为力时，便已经到了研究为什么身体与心灵不再和谐的最后关头了。请照顾好你的身体与心灵，倾听它们的声音。

如果我继续抵制我的身体与心灵发出的种种信号，并试图用高度敏感来解释我遇到的一切挑战，我就会变得越来越弱，甚至可能会生病。所以，是时候解决生活向我提出的难题，寻找新的答案了。

启发：不和谐的信息

"你"乐团中的各个乐器是否正一起和谐地演奏着

呢？有不和谐的地方吗？如果有，你内心的不和谐会向你提出什么问题？它给你带来了什么信息？如果生活一直问你同样的问题，或者说，生活一直在同一个地方跟你闹别扭，那我请求你停下来，倾听自己或他人给你的重要信息，并找到答案。大胆地看，把眼界放宽，即使会感到疼痛。当你觉得一切都让你不堪重负时，也许不是一切都太多了，而是你少了某样东西。这听起来很矛盾。问问自己缺少什么。送旧信仰远行，寻找新同伴吧。

身体与心灵的罗盘

生活不是静止的，正相反，它是生机勃勃的。哪怕相信我们最终可以在安全的码头登陆，也不要过早地让自己陷入安全感中。因为就在我们的船到达防波堤前，可能会有一场暴风雨把我们带走，那样一来，我们瞄准的港口也会消失在远方。我们需要一个新的目标。如果我们能自信地切换状态，并以敏感为罗盘，情况就会好转。只可惜我们在学校里没有学会如何使用这个宝贵的罗盘。恰恰相反，我们学到的是，敏感是我们逐梦路上的障碍。早先在学校时，我们也只是在既定的框架中学习，但我们还是可以怀有希望。如今，越来越多的学校融入了新的理念。他们教授"快乐""细致""放松""冥想"，提供开放的形式，尽量减少学生间的竞争，加强学生间的团结。这是一种美好的发展方向。因为通过这种方式，可以让孩子们做自己，感知自己的生理和情感需求，并建设性地处理这些需求。重要的是，我们要知道如何解读那些信号，而不是一味地将它们理解为自己的软弱。我已经意识到了，敏感是我的身体与心灵的罗盘。

你与内心的罗盘正处于何种状态？你上一次倾听自己的声音，感受自己的内心是什么时候？第 55 页的练习邀请你暂且停一停，关注来自心底深处的信号。你可以给自己泡一杯茶，抽出一点宝贵的时间来做这个练习。如果你愿意，可以把

> 当你找到了上一个问题的答案，生活又会提出下一个问题。

自己的想法写下来。祝愿你在练习中能度过一段愉快的时间。

至关重要的是，我们要朝着正确的方向迈出第一步，因为这样我们才能知道，自己是否可以将弱点看作伙伴，并依靠它们找到解决旧挑战的新方法。但这第一步要如何进行呢？在思想上？或是以分析事实的形式？还是可能与我们的感觉有关？

内心的所想所思为我引路，我称之为"心念"（Herzgedanken）。如果我相信它们，跟随它们，回过头来总能发现，那不是单一的冲动，而是时而有意识，时而无意识地沿着一条小路前进。当我决定从不同角度重新审视自己生理和心理上的弱点时，这些就发生了。在内心深处，我已然明白了，我必须要照顾好自己的身体。当我处于"接收"状态时，内心的声音越来越大，于是我便决定听从内心的声音。当我在 Facebook（脸书）的一个高度敏感小组里"偶然"看到一条关于代谢紊乱（HPU）的发言时，我突然留意起这条

练习：身体与心灵的罗盘

你现在正朝着哪个方向行进？你内心的罗盘怎么说？你最近还好吗？一切都好吗？还有什么需要你注意的？比如说，你无视身体方面的信号是否已经有一段时间了？如果是，这些症状是什么时候出现的？你是否想过，自己为什么不关注这些信号？或许现在是个好时机，最好找专业人士帮你解读这些信号并分析成因。是否有一些让你不舒服的想法和感觉？你是什么时候注意到它们的？有哪些急需解决的问题，但却被你拖延了很久？是否有明明很容易实现的愿望，但你却认为自己没有时间去实现？有哪些谈话是早就该进行的？在报纸、杂志和社交媒体上，有没有哪一个话题是你目前反复留意到的？因为它大体上就是你感兴趣的话题。

请写下你第一时间想到的内容。对自己保持诚实，不要有任何遗漏。

▶ _____

▶ _____

▶ _____

▶ _____

▶ _____

你是否写了很多内容呢？如果是，就请先仔仔细细地思考脑海中最先浮现的那一点。因为它已经上升到你意识的顶端了，可能与我们寻找的答案高度相关。这可能是你内心罗盘指引的方向。请你花时间一个个解决以上提到的问题，以一种与你自身和现实生活节奏匹配的速度，冷静地一步步走下去。

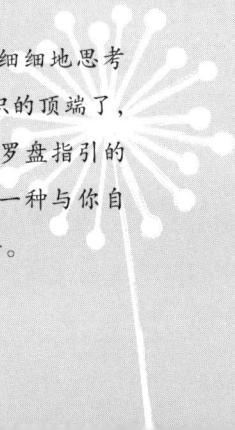

发言。它从其他大量信息中一跃而出。起初我只是粗略看了一下它的内容，但我决心在新的一年里更细致地处理这个问题。这样的话，我一方面可以完成目前正在处理的工作，另一方面也可以做好心理准备，迎接可能改变我生活的新事物。大多数时候，我都能清楚地察觉到与我高度相关的事情或生活中的变化。但我仍旧需要时间和勇气来面对我的恐惧和内心的固有模式，然后再向未知领域迈出第一步，参与新的进程。我可以想象出理想的结果，但我不知道会在途中遇到什么。

我衷心地祝愿你也能有勇气踏上新的征途，哪怕你不能预见途中会遇到什么。但你如果不敢迈出第一步，就永远无法知道前路有什么。

4

和平共处：接受自己和他人

原则和毅力是助我们走好人生路的两大品质。不过这涉及一个关键问题：我们是选择对自己仁慈，还是宁可让自己受伤？这两种品质只有在不与需求、内心的声音以及个人系统发生碰撞时，才能展现其力量。我提到的需求，并不是指逃避和成瘾，比如购物狂、沉迷网络、药物上瘾和狂妄自大，而是指运动、健康、营养均衡、睡眠、休息、安宁、爱、欢笑、快乐，拥有安全感、归属感、与他人的深层联系，有机会与大自然亲密接触，拥有发现新事物的空间。或者说，我指的是，我们可以用来休息或处理经历的时间。在这段时间里，我们可以放开手脚，审视那些我们需要的东西，并且思考我们需要的东西能否与我们的生活环境以及周围的人（他们是我们爱着的人，共同生活的人，与之组建家庭的人）和谐相处。

只有敢于踏入未知领域，改变才会发生。

我知道我在说什么。因为即使在今天，我有时也会被讨厌的"不得不病毒"感染，然后顽固地隔断内心的声音。只有打败了这种病毒，"不得不"才能变成"去做吧"。这让我感觉轻松了许多，也明朗了许多。与自己和世界和平共处，并不意味着不再坚持，不再坚定，不再对自己、对孩子、对合作伙伴、对朋友、对重要的问题负责。它只是意味着，不要不断地与自己和世界抗争，浪费宝贵的资源。

但我们为什么往往愿意激烈地抗争？为什么我们一而再，再而三地忽视内心的声音呢？是因为我们缺乏相信自己内心声音的勇气吗？还是因为我们害怕自己独特的生命力——我们自带的原始力量——会损害现有的生活。我们都曾感受过，当我们长时间不倾听内心的声音时，会发生什么。一些东西会慢慢积攒起来，在某个时候完全不受控制地闯入我们的生活。仔细观察后，我们发现，这个"东西"就是我们内心的声音，它只是想竭力为自己开辟一条出路。而对我们来说，这确实是一种非常不愉快的体验。

> 当我们忽视或无视内心的冲动和需求太久，我们的灵魂和身体就会开始反抗。

如今我知道，内心的声音和高度敏感都是我的创造力和力量的源泉。它们将我的需求告知我。它们提醒我，我是谁，我需要做什么才能感到满足并在社会上占有一席之地。我希望每一个想与自己和平共处的人都能达成一个共识。

在私事方面，我一直比较容易听从自己的内心。但在公事方面，我常常犹豫不决，更愿意等待外界的推动，而非听从内心早有的意愿。这是为什么呢？也许是因为我已经尝试了太多，总是触碰自己的极限，而这对我的自我价值并没有什么好处。也许是因为我不知道如何在孩子和事业之间找到"我的"平衡，以及如何最好地分配我的资源。也许是因为一些亲戚时常告诉我，我没有做好一些我本可以做到的事。

我对自己内心声音的怀疑常常让我误入歧途。为了做到我认为必须要做的事情，我以不适合自己的节奏要求自己。

> 如果我们能与自己和平共处，那我们也能与他人和平共处。

如今我明白了，我想要且必须将内在外化于行。而我也需要空间，将我在外部世界所经历的内化于心。

我越是与自己和谐相处，对自己越是友善，越是欣赏自己，在与他人的交往中就越是体贴、平和、懂得欣赏。

直觉——为什么我们应该听内心的声音

你可能有过这样的经历：直觉上知道什么是对的，或者说，直觉上知道所说的一些关于自己的事情会帮助到别人。不是只有新的或有科学依据的知识和经验才有价值，给予我们启发的常常是突然冒出的灵感。即使是古老的智慧，也常常能触动我们的心灵。它们常常在明信片和日历上以格言的形式出现，我们在网络上也能找到它们的身影。它们显然触动了人们的神经。当孩子们在学校里承受着巨大的压力变得疲惫时，当越来越多的人想换一份能够有喘息空间的工作时，如果科学知识、实践经验和古老的智慧能够相互融合就再好不过了。

科学的局限

想象一下，你想尝试一周内，告别日常生活中的熬夜习惯，早早睡觉，你需要科学来证明你属于哪一种睡眠类型吗？你需要读一份相关报告，了解短期内改变家庭习惯所造成的影响吗？你会担心自己变成一个自私自利的自恋狂吗？或者你会担心，因为取消某次约会而失去朋友吗？不。你完全可以听从自己的需求。在这一周结束的时候，你休息好了，你感觉好多了，你很健康，因为充足的睡眠帮你赶走了感冒。如果你有孩子，孩子也在一周后变得更加独立、灵活了。你在那些必须现身的约会中也感受到了乐趣。

人们总能听到这样的消息：科学家们在研究工作中对精神力量持开放态度。因为他们面对的是无法用其他方式来解释的东西，或是无法单单用理性思维来把握的包罗万象的东西。这对我启发很大。如今，我们应该再次惊叹于生命的奥秘，相信自己的所感所知，谦逊地承认宇宙远比人类所能探知到的更广袤。如今，我们应该坦然接受，虽然还有许多未知的事物，但我们可以用敏感去揣测它们。要是抹去一切可以感觉、体会到，但无法证明的东西，那我们将会失去很多。

我们感知到的东西往往难以言说。接受过器官移植的患者表示，他们的性情发生了很大变化，部分患者很想知道，是谁捐献了器官给他们。有些人能够预知或感觉到其他人的死亡，有时对方甚至是他们不甚了解的人。这听起来让人有些毛骨悚然了。即使在今天，拥有这种天赋的人也不会谈论自己对此的看法，因为他们担心自己可能会被排斥，或者被说成是疯子。有的母亲会从睡梦中惊醒，因为她们感觉到孩子身上发生了可怕的事情，即使他们相隔万里。

> 现实远比我们所感知到的多。
> ——伊内斯·巴格霍尔茨（Ines Bargholz）

我们如果足够诚实，早就该知道，天地之间有很多东西是我们无法探索并转化为"确切的知识"的，无论所谓确切的知识可能会是什么。仍有很多现象，至今没有公认的合理解释。我们无法用语言表述那些不是每个人都能看到、感觉到或听到的东西。但我们不能因为自己至今无法解释这些事情，或因为我们缺乏处理这些事情的能力，就错误地将自己封闭起来。

可以确定的是：我们需要与自己内心的智慧声音保持联系。我们每个人内心都有一种声音，这种声音能使我们强大，给予我们方向。直觉使我们知晓，随着生活经验的累积、认识的提高，再配合有针对性的训练，这种声音会成为一种越来越值得依靠的工具，能够在我们有新的经历和体验

练习：训练内心的声音

我们内心的声音拥有很多不同的名字：内心观测者、直觉、第六感、灵敏的鼻子或本能。它让我们拥有（预先）感知能力、意识、心念、灵感、冲动、预测、想象力、直觉、真理、宝贵的见解、知识和强大的情感力量。虽然这种声音非常重要，但我们往往察觉不到它，或只是将它推到了一边。有时候会出现这样的情况：我们内心的冲动与我们的信念和人生信条相左，或者我们理智地将这些冲动看作是错误或荒唐的。直觉也会要求我们付出很大的勇气，因为直觉邀请我们进入未知领域，踏上我们从未走过的道路。如果忽视了与内心世界的联系，你将无法学会解读并正确编排你所接收到的信息。请时常关注自己内心的想法和直觉，并与它们始终保持联系，学会区分帮助你前进的积极冲动和阻碍你发展的怯懦懒惰的消极想法。与内心的声音交朋友，听取它的建议和指示。你听得越多，就越有信心解读其中蕴含的信息。你要相信，内心的声音是你强大的伙伴。以下内容可以在这方面帮助你：

▶ 撰写直觉日记，或者记录下每一次内心的冲动。

▶ 一方面，请你思考，当你遵循内心的冲动时，事情是如何发展的？

▶ 另一方面，请你观察，当你理智地做出决定时，会发生什么？

"唉，要是我按照之前的想法做就好了！"你有过这种念头吗？我时常会有这种念头。我本可以按照心中的想法顺顺利利地达成目标，但我往往太晚才意识到这一点。因为我压力太大，因为我心烦意乱，因为我的注意力太过集中于外部世界或理性思维，而不安于自己，不倾听自己内心的声音。

你越是能更好地聆听自己内心的声音，感知自己身体的反应和感受，并且学会解读它们，你就越容易做出决定，获得理想的结果。只要稍加练习，你就能自信应对自己内心的声音，灵活运用内心的冲动，并更好地找到自己在生活中的位置。

你是否发现，在某些时刻你的直觉给你带来的冲动十分宝贵，甚至可能改变生活？请把想到的记录下来。

▶ ＿＿＿＿＿＿＿＿＿＿＿＿＿＿＿＿＿＿＿＿＿＿

▶ ＿＿＿＿＿＿＿＿＿＿＿＿＿＿＿＿＿＿＿＿＿＿

▶ ＿＿＿＿＿＿＿＿＿＿＿＿＿＿＿＿＿＿＿＿＿＿

▶ ＿＿＿＿＿＿＿＿＿＿＿＿＿＿＿＿＿＿＿＿＿＿

▶ ＿＿＿＿＿＿＿＿＿＿＿＿＿＿＿＿＿＿＿＿＿＿

▶ ＿＿＿＿＿＿＿＿＿＿＿＿＿＿＿＿＿＿＿＿＿＿

时帮助我们。但我说的声音并不是指内心破坏性的、怯懦或懒惰的想法，它们只会阻碍我们的生活继续前进。我指的是内心的冲动，它们能够告诉我们下一步要怎么走，为我们指明未来的道路。直觉强大到值得我们尊敬。而有时，我们必须鼓起很大的勇气才敢听从直觉。首先，因为我们已经习惯于相信理性分析而不是直觉。其次，因为我们的直觉总会提醒我们，说不定还会有更多的可行之路，或者是完全不同的处理方式，只是我们暂时还没有想到。我们的直觉给了我们灵感，而我们的理智却抑制、阻止我们，甚至让我们失败。是什么阻碍了我们，让我们无法熟悉自己内心的声音，无法强化内心的信息网络，也无法让内心世界与外部世界进行直觉性沟通？

工作中的直觉

直觉和计划是工作中的一对金牌搭档。在日常工作中，我会有意识地使用二者。因为不管你规划与否，一旦涉及工作，我们可以很肯定地说，我们永远无法真正完成工作。一个任务刚完成，下一个任务就已经摆在桌子上了。或者说，我们自己也会确保有源源不断的新任务落地。为了掌控全局，仅有一个好的计划往往是不够的。一方面，职场中的沟通越来越密集，职场情况越来越复杂；另一方面，使工作进一步发展的机会越来越多——不仅是针对个体户、自由职业者或企业家。由于数字化转型、流动性增强和工作灵活化，越来越多的职员也面临着新的工作结构和工作方式。他们被迫重新思考、重新自我管理、重新学习和使用从前未被要求掌握的技能。

同样的问题一再出现：如何管理时间？什么时候是完成任务的最佳时间？今天重要的是什么？这周重要的是什么？这个月有什么我想要或必须完成的事情吗？当遇到紧急事件，而我的计划又无法实现时，我该如何处理？这时就该直觉发挥作用了。计划代表理性层面，而直觉代表情感的力量。直觉包含了经验、身体感受和感情。这支充满力量的队伍给予我们冲动。所谓冲动可能是内心的影像或想法，它并非来自一条有逻辑的思想链，却会突然清晰而鲜明地显现出来。

你也可以注意自己身体的信号。在重要的情况下，这些信号往往不会过分微妙，反而会给你非常明显的反馈：内心深处的喜悦；到达期望之地的感觉；精力充沛；悸动；突然的兴奋；欣慰的泪水；脸上无法克制的微笑；无法抑制的好奇心；才刚刚做出决定却已经觉得一切都非常棒，甚至已经成为现实了；或者你在五分钟前认识了一个人，却对他有似曾相识的感觉。

当然也有截然不同的反馈：胃部胀气；突然感到恶心；胸口或上腹部的紧压感；莫名疲惫或没有力气；不得不坐着；全身疼痛；想要逃离所处的地方；内心的防备和厌恶感；皱眉；无法清晰地思考。以上所有信号都能清楚地表明，究竟发生了什么。

注意！身体不舒服的信号未必是提醒我们要避免某些事情。有时候，当我们踏上新的道路或做一些从未做过的事情时，这些信号也会不断出现。因此，你很有可能出于情绪障碍或身体不良反应而不采取某些措施。可这些措施可能对你的人生道路来说意义非凡。现在是时候好好感受并做出明智的决定了。这样做算是健康地"关注"我的身体吗？还是要通过体会不愉快的感觉，化解陈旧的情绪模式以及它对身体产生的影响，从而转变内心的障碍？由此，你便能对何时、如何处理那些内心的信号产生一个确定的认识。了解自己的内心世界和种种情绪很重要。你也要常常与大家一起沟通交流。

当你被自己的思想困住时，直觉可以给你指引。而且，直觉比头脑更快。我觉得，我的直觉是一种真正的能力，我在日常生活中，能越来越有意识地使用它了。

我有一位潜在客户，但她对我们的项目还没有完全考虑好。我已经很长时间没有和她联系了，而夏季休假又马上到了。先前我还搁置了许多事，也正等着做。我们刚搬家，孩子们已经放暑假了。我已经很久没能赶上日程安排的进度了。总之，这是一个充满挑战的时期。当准备合上笔记本电脑时，我一时兴起，当即决定给那位客户写一封邮件。这听起来不像是什么大事。但当我第二天看到她的回复时，我知道，多亏了我的直觉，我把握住了正确的时机。因为我的客户写道："你好，卡特琳，收到你的来信真好。我已经在去度假的路上了。我在三周后回来。我很期待到时和你通话。"于是她在度假前又一次收到了我的消息，我也知道了什么时候能再联系到她，我给自己争取到了再次联系她的机会。

※

仅有计划是不够的，在我们这个快节奏且充满刺激的世界里，计划越来越频繁地被打乱。但计划作为基础，为我们构建了框架，让我们可以集中精力考虑：我的目的是什么？重要的是什么？需要完成哪些任务？如何安排时间？

如果没有计划和专注思考，直觉就无法在工作中给予你任何目标明确的冲动，也无法在遇到不可预见的干扰时给予你方向。而如果没有来自心底的明确冲动，你往往会做一些所谓重要，但你其实并不想做的事情，徒然耗费大量的精力，从而也浪费了时间。因此，计划与直觉相辅相成，相得益彰。

换句话说，如果没有好的计划、不安排任务、不规划时间，我就会迷失方向。但如果没有知觉，我也会在形形色色的要求中感到迷茫。总之，将计划与直觉结合起来才能成事。

宽恕——我们如何改变人生信条

与自己和世界和平相处，这说起来容易，做起来难。为什么会这样？为什么把建设性知识落到实处，与生活深度融合，往往比我们想的还要困难？为什么尽管我们已经知晓了正确的道路，却还总是会与内心的声音背道而驰？为什么我们会抗拒内心的智慧的声音？

最近几个月，我意识到，主要是我们自己的人生信条或他人的人生信条阻碍了我们的发展。而在人生信条方面，我们的家庭印记以及社会的是非观、正义观都起到了很大的作用。

家庭纽带——我们先辈的遗产

作为一名成年人，我在原生家庭中自己决定采取的很多行动都遇到了阻力。我每次坚持自己的观点时，都会觉得自由一些，这也唤醒了我想要了解自己从何而来的愿望。我觉得，要想接纳自己的家族史，不仅要了解它，还要在情感上融合它。

不论是童年、青少年时期，还是成年后，我常常与爷爷奶奶见面。他们也已成了曾祖父、曾祖母，遗憾的是，爷爷在我的大女儿出生几个月后去世了。我小时候和爷爷奶奶的关系一直很好。我时常在下萨克森小小的老屋中度假。老屋里有一个存放土豆的地窖，还

> 与自己和世界的永不停歇的斗争不仅体现在我们的基因中，也体现在我们的价值观中。

有一个总是很冷的厕所。老屋旁还有一个侧楼，里面是一间非常小的马厩，爷爷在里面养了一匹马。爷爷家还有一辆马车和一个小牧场，那时还有一位邻居教我骑马。我非常享受那段美好的时光。我的原生家庭中没有其他孩子。整体来看，这种情况并不好，长辈们的所有注意力都集中在我的身上。在家庭聚会上，我常常是在场的唯一的儿童，而且总是和长辈坐在一起。

在我十几岁时，因为总是从父亲口中听不到爷爷奶奶的好话，所以我和父亲的关系变得很差。体罚和责备是家常便

饭。如果不想因此对生活失去信心，就必须要让自己的内心变得坚强。于是我学会了"强者生存"。现在我明白了，为什么长辈会采取严格的教育方式，也知道了为什么我的爷爷奶奶或父母有时不能满足我的感性需求。正因如此，我才能在受到伤害时，原谅那些伤害我的人。在爷爷奶奶去世前不久，我去看望了他们。当时爷爷正在接受姑息治疗，两天后去世了。我坐在他的病榻边，握住他的手，在这短短的时间里，我比以往任何一个时刻都更靠近他。生活的苦痛已离他而去。这次见面对我来说是一次特殊的经历。在爷爷去世几周前，我们曾举办过一次家庭聚会，当时爷爷向我的丈夫简短地讲述了自己的人生故事。关于战争、搬迁、逃亡、贫困、饥饿，以及许多艰苦工作的故事。爷爷一辈子都没有好好享受过生活，临终时也不幸福。他对故乡波美拉尼亚的眷恋从未停止过。我丈夫当时觉得，爷爷强烈地渴望着倾诉，他想把自己所有的故事都说出来。他大概已经察觉到自己的生命即将走到尽头了。表达情感并允许自己表现出脆弱的一面，都有着重要的意义，尤其对那些为了过活，而不得不与自己的高度敏感进行艰难斗争的人来说。

> 如果我们有勇气展现自己脆弱的一面，那么我们一直期望但未曾料想会成真的际遇可能真的会成真。

我上一次见到奶奶时，也同样特别。在她去世的两个月前，我和丈夫以及两个女儿去养老院看望她时，我们谈到了死亡。我们情不自禁地流下了眼泪，我握住奶奶的手，抚摸着她的脸颊，静静地听她说话。

奶奶又见到了曾孙女，我们一起度过了两个小时。家人的陪伴对奶奶有好处。不仅如此，我清楚地记得，奶奶经常感谢我们常常去看望她："我还能再经历这些，我的孩子，有你们在这里真好。"这是我记忆中，奶奶说的最后一句话。

※

看望奶奶对我们来说也很重要，尤其是对我的孩子们来说。虽然我的父母刻意不与我提起死亡的话题，但这次经历会帮助我的两个女儿以更自然的方式理解死亡。对她们来说，死亡不是禁忌的话题，而是生命的一部分。在奶奶的葬礼上，我的两个女儿在她坟前放了一束向日葵，和一个向日葵花圈——其实就是一个头饰。我特意把它扎了起来，象征着所有年轻女孩的渴望，正如我奶奶年轻时所渴望的，也象征着奶奶所有无法实现的少女梦。

我们只能改变我们所知道的。

正如死亡是生命的一部分，先辈的生命对我们也很重要，这一点毋庸置疑。例如，表观遗传学 ① 的研究表明，心灵创伤可能会不断传递给下一代。这些研究让我们意识到，我们的基因中包含了先辈的经历，因而也影响着我们的生活。

所以，你的先辈的经历和你自身的经历都值得品读。你

---

① 表观遗传学主要关注哪些因素决定基因活性以及细胞发育。其中涉及 DNA 以外的环境因素对基因表达变化的影响程度。

练习：先辈的敏感

　　每个人都出生在一个大家族中，这个大家族给了人们特殊的印记。花点时间仔细研究自己的出身，向童年时关系亲密的人提几个问题。请你在自己喜欢的地方坐下来，拿出纸笔，然后思考：

▶ 我最像家里的谁？母亲、父亲、兄弟姐妹、奶奶／爷爷、外婆／外公、姑姑／舅舅，还是阿姨或叔叔？

▶ 是否有一些人虽不是我的家人，但对我有着重要意义？

▶ 我现在或曾经和谁有过特殊关系？

▶ 哪些家庭成员比较不敏感，哪些比较敏感？

▶ 谁从未展露过自己真实的面貌？

▶ 提起美丽的邂逅时，我会想起谁？

▶ 我不愿想起谁或哪段经历？

▶ 我的先辈经历过哪些危险或难关？它们是如何塑造先辈的人格和行为的呢？

▶ 先辈的生活对我产生了何种影响？

　　请你做一些笔记，也可以和你的伴侣、朋友或家人谈谈那些让你感动的事。如果你不了解先辈的生活，就请直接问他们，或者请其他亲属告诉你他们所知晓的情况。如果你在收集信息的过程中面临的回忆、情感或创伤，需要心理方面或治疗方面的帮助，请你务必照顾好自己，并及时寻求帮助。

练习：昨日与今日的人生信条和信念

你可以偶尔软弱吗？你对自己的表现有什么期望？你如何定义自我价值？你会坦然面对感情吗？对此你能谈谈吗？你在生活中会频繁遇到哪些挑战？你对以上问题的回答，在很大程度上基于你的个人经历。如果你想改变自己的内在系统，并以此带来外部的改变，那你应该有意识地看一看，是什么塑造了你。

你可以在下面的表格中找到可能适合你的人生信条。如果表格中缺少对你意义非凡的人生信条，你自行添加即可。如果你有时间且有兴趣，可以把表格中的人生信条都单独写到卡片上，这样你就可以直接用手"把玩"了。"玩"总归是个好词。因为这个练习并不是严肃的工作，而是推动你感受、发现那些促使你前进的对你有着重要意义的东西。你想进行"定位"的时候，可以反复使用这些卡片。因为没有什么是一成不变的，你会一次次发现，你的人生信条和经验（自发地）处于不断的变化中。

冒险	改变	谨慎	包容
真实	平衡	坚毅	谦逊
觉悟	感恩	谦恭	纪律
诚实	简朴	情绪化	共情
责任心	放松	成功	感悟力
家庭	活力	柔韧	自由
友谊	和平	沉着	金钱
团结	节俭	享受	公正
健康	信仰	平等	慷慨
乐于助人	奉献	幽默	正直

合作	创新	激情	成就
热爱	忠诚	力量	灵活
可持续	质朴	自然	好奇心
坦率	秩序	现实主义	安宁
声誉	美丽	自主	敏感
可靠	鉴赏力	趣味	灵性
稳定	强壮	平静	宽容
透明	忠实	独立	本真
责任感	亲密	可靠	信任
智慧	欣赏	知识	富裕

童年与青年时期的人生信条

首先是关于你的童年和青年时期，你可以问自己下列问题：

▶ 是哪些人生信条塑造了童年时期的我？

▶ 我从父母或其他重要的亲属身上学到了什么？

▶ 我在童年时经历了什么？

▶ 请你将童年与青年时期所信仰的人生信条都写在一张卡
片上。完成之后，请你进行第二步：筛选出三至七种对
你影响最大，且至今仍有影响的人生信条，不论是积极
的，还是消极的。

如果你在集中注意力时，脑海中浮现出了生活中的情节和
话语，也请你记录下来。这些可能代表了曾对你的生活有过重
大影响的信念和重大事件。你也可以先安静地选择符合自己价
值观的人生信条，然后再思考与之相关的信念与期望。请你将
这些信念都记录下来。

如今的人生信条

处理完童年的人生信条后，请你整理思绪，为下列问题做好准备：

▶ 是哪些人生信条塑造了现在的我？

▶ 是哪些问题让我走到了今天？

请你现在再次找寻符合自己价值观的人生信条。如果你童年时期的人生信条至今仍旧发挥着重要作用，那么你需要两张写有该人生信条的卡片，或将其再次写在原本的卡片上。然后再将人生信条总数控制在三至七个。请你再次关注脑海中浮现的经历或关键词，并记录下来。

请你现在选择五种人生信条。童年时期的人生信条也在你面前的纸上了。你现在可以自由决定：

▶ 哪些人生信条对我不利？

▶ 哪些人生信条不适合我？

▶ 哪些人生信条让我频繁与自己、与他人或与周围环境发生冲突？

▶ 我想舍弃哪些人生信条？

允许自己放下旧的人生信条，为新的腾出空间！请你将旧的人生信条象征性地以卡片的形式扔到身后，抖擞精神。或者用手拍打身体，让旧的人生信条从身上掉落。如果你感觉良好，还可以泡个澡，或者去散散步。如果有人生信条给你造成负担，你也可以将它们以卡片的形式在火盆里烧掉，或是用石头、松果、树枝或树叶来代表它们，将它们丢进小溪、河流或大海，让自己摆脱它们的束缚，重获自由。

未来的人生信条

接下来要思考的事情事关你的未来。请考虑下列问题：

▶ 当我考虑自己的未来时，哪些人生信条对我来说是重要的？

▶ 我想把哪些人生信条传给我的孩子、孙子/孙女、侄子/
侄女或干儿子/干女儿？

▶ 我会保留哪些人生信条？

▶ 是否存在一些人生信条，虽然对我很重要，但我却尚未
将它当作为人处世之根本？

请想一想，你的目标是什么，为此你需要什么样的价值基
础。请你在过程中考虑自己的敏感类型。根据你以前的取向，
你可能会突然在意起那些过去谴责过的事物。比如说，如果成
就和纪律曾在你的生活中扮演了重要角色，而现在天性与创造
力又占据了主导地位，那就请你彻彻底底地重新洗牌。你需要
跳出自己的影子，开启新视角。

请你再看一遍所有人生信条，并写下你觉得重要的人生信
条。最后，请你集中关注三至七个核心人生信条。现在摆在你
面前的便是价值世界的基础了，你可以继续一步步地搭建你的
价值世界。

现在请你看看你写下的信条。哪些适合你的内心世界，哪些
又会干扰你的内心世界？你可以为所有记录下的信条找到新的表
达方式。比如：

旧的信条：我只有勤勉工作，严于律己，才能算是成功人士。

新的信条：当我常常置身于大自然中，并给自己创作的空
间时，我就是成功的。

我建议！大声说出你认为重要的事物。请注意你在做这件

事时的感觉，感受人生信条的力量以及你想做的事，它们对你来说是否是一致的？你想和别人一起完成这个练习吗？那就找一位想和你一起旅行的好朋友，在旅途中与朋友分享你的经验。

我衷心祝愿你能顺利完成！请你铭记：这个过程不仅关乎你的人生信条，也关乎你所赋予自己的价值。

对自己的家族史了解多少？你的父母、祖父母、曾祖父母都经历过什么？接下来，我为你提供了一些关于内省的建议，以帮助你探寻答案、观察内心。

即使我们知晓了原生家庭亲属是什么样的人，以及他们给我们带来了何种感动和印记，我们也无法掌握即刻宽恕一切伤害的秘诀。我们眼中不公正、有辱人格的东西不会一夜之间就从我们的经历中消失，而会永远成为我们的一部分。我们反而更容易接受并欣赏生活中的艰难时期。因为我们对祖祖辈辈之间的联系有了更深的认识，因而也可以学会对自己和他人更加宽容。充分利用好对先辈的认识吧！

在了解家族史的过程中，我想给你一个提示：请你不断提醒自己，你自己能为自己负责，你能随时决定如何让你对家族史的了解为你所用。是的，在某些阶段中，我们可以被伤害，也可以感到愤怒。在这些阶段中，我们内心的孩童会非常暴躁、难以平静，甚至坠入悲伤或绝望的境地。重要的是，我们必须挺过这些阶段，并温柔地拥抱、保护我们心中"小小的自己"。只有这样，我们才能进入宽恕的可持续进程中，为我们的发展打开新的大门。如果创伤性经历或发展性创伤一直让你失去平衡，我衷心建议你向外界寻求专业的帮助，你也可以和信任的人谈一谈。因为亲密相依有治愈之力……

凡是被旁人听出过内心烦恼的人都知道，与谈话对象之间产生共鸣，并接受对方有不同意见（甚至可能会伤害我们）的事实，有多么重要。当谈话内容涉及我们的价值体系时，对我们尤其具有挑战性。遗憾的是，整个社会都缺乏应对日益激进化的情感的能力。很多人容易被激怒，他们往往也会对激进的言论做出同样激烈的反应。他们谴责、谩骂、煽动、叫嚣着，使"前线战场"更冷酷无情。而这让我们也无法前进！

我们真正应该做的是，寻找激进化的根源。如果我们想改变思维，就必须从这里开始。因为人们愿意重新审视自己的信念。但重新考虑自己的信念的前提条件是，自己感到被认可、被关注。只

> 制度由人类制定，当然也由人改变。

有这样，人们才能够开始反思。如果我们始终坚持认为自己的所思所想才是唯一正确的，就会助长冲突的火焰，将自己与拥有不同人生信条的人隔绝开，或是把那些不符合我们人生信条的人视为威胁。我们常常试图说服谈话对象相信我们的"世界"，而不是倾听对方，试着理解对方。我们的任务是，化解处理敏感、情感和人生信条过程中的种种苛求，重新掌握缺失的能力。

我们之所以常常与自己或别人过不去，"系统"（不论是竞争系统，抑或是恐惧系统）是原因之一。谁能结束自己内心的斗争，谁就能获得和平。这首先要求我们有勇气审视自己的影子，不仅是我们给自己的生活投下的影子，也包括我们的先辈在我们身上投下的影子。我们需要对自己的思维、信念和人生信条提出质疑，必要时甚至可以将它们颠倒过来，有意识地整合自己的情感世界，重新发现身体的能力（比如自愈能力、自控能力），承担起对自己的责任，并学会有意识地将这一切连接起来。如此一来，世界就得以改变，无论变化是大是小。如今，在那些已经发生改变的地方，社会氛围公平、工作方式健康、人与人之间联系紧密，那里也拥有好的社会项目、学习环境，并创造出了崭新的观点和模式。

建立新的人生信条

作为家庭、组织、社会中的一员，我们如何塑造自己的生活，取决于我们内心的信念和人生信条，无论是我们自发形成的，还是受别人影响而获得的。

我们最先从父母身上获取人生信条，这一点毋庸置疑。之后，我们可能会从志同道合的朋友身上获取人生信条。这两个价值世界往往有很大分歧，把自己定位在一方或另一方（或两方之间），必要时进行反抗，是人格发展的一部分。父母越频繁地与孩子对话，就越能成功与孩子的世界产生共鸣，维系与孩子之间良好关系的可能性就越大。这种模式适用于所有冲突现场。我之所以写这本书，是为了表达人类敏感的诉求，我希望始终敞开心扉，接受那些对别人来说重要的东西和他们对敏感的看法，以及他们可能持有的反对意见。至于其他意见，其中包含的对我的欣赏之情越浓，我就越容易对它们敞开心扉，并倾听它们。原因很简单：人们必须先感觉自己被接受了，才会贴近彼此。只有这样，才能启动变革的进程，从而创造出具有建设性的世界通用的是非观和人生经验。

让我们来看看当下世界公认的人生信条。哪些人、哪些事造就了如今公认的人生信条？我们还要继续坚持这些公认的人生信条吗？还是有必要在某一点上进行改变？如果要改变，为了将生活重塑成我们期望的样子，我们要重新考虑哪些人生信条？通过以下关于自省的建议，你可以为你的人生信条、人生经验和信念开启一个空间。小建议：在练习过程中，你需要安静的环境、充裕的时间，还需要准备好与过往经历、目标和愿望进行碰撞（尤其是在情感方面）。我衷心祝愿你在这段时间能收获满满的感悟。

敏感的人生信条的力量

如果环顾四周，尤其是远离主流媒体的地方，我们就会发现，有越来越多的人和组织对当代的重要问题很敏感。他们不仅以警觉的目光和可持续发展的人生信条审视着世界，还致力于动员他人、促成改变，他们大声地抒发自己的见解。正如许多儿童、年轻人、学生和科学家一样，他们积极参与到环境保护和诸多其他事务当中。

由此便形成了一个改变的循环。如果后人不再继续追随我们的步伐，那我们迄今为止的观念就会逐渐消失。在上学时，我们还可以闭上眼睛，对自己马虎的行为所造成的后果不闻不问，我们当时还不知道，更高、更快、更远的原则将通往何处。现在情况不同了，我相信并且希望，这种改变能快速获得推动力。重新思考的过程已经无法停止。

弗兰齐斯卡·海尼施（Franziska Hainisch）是一位女大学生，同时她也是后代基金会（Generationen Stiftung）青年委员会的成员，她曾说："气候危机预示着一个病态的体制。这个体制创造了越来越多的供给，让我们在消费中窒息。它是贫困和社会不平等的罪魁祸首。在我们这一代中，越来越多的人认识到了这一点。"

我们越频繁地谈论新的人生信条，就有越多的人意识到，不能再让事情继续这样发展下去。这要归功于积极投身其中的记者、纪录片制作人，他们报道了重大问题。也要感谢非政府组织、无数博客作者和提出倡议的个人，他们发自内心地为重大问题挺身而出。他们指出了不良现象，从而积极地改变自己和他人的现实世界。

敏感的人生信条起了很大作用。依靠你的经历和信念，明智地选择自己的人生信条吧。要明确意识到，自己关注的是什么。是与仇恨和暴力进行斗争，还是尽你所能争取爱与和平，二者有很大不同。

共情——为什么合作胜于竞争

何以为人？各个学科的研究人员都在不断研究这个问题。做人最重要的一个方面无疑是与他人共情的能力，这种力量描述了我们的社会性能力，它使我们能够理解和接受他人。那些有同理心的人，能觉察到对方的情况是好是坏；他们也能与他人同悲同喜；他们能倾听；他们能敦促公平的行为；他们通常也能以和平的方式解决争端。如果我们想满足每个人被关注和被理解的深层需求，我们就需要穿过共情这扇门。

但这是我们想要的吗？在我们这样一个注重效益的社会，首先适用的是竞争原则，不论从哪里看，都是看谁得分最多。目之所及，都是竞争。谁是最好的？谁是最快的？谁是最美丽的？谁是最富有的？谁站在颁奖仪式的最高领奖台上？谁手中握着奖杯？共情赢不了奖杯。因为共情能让人们互相靠近，而非使人们站在对立面。共情让人们与自己和平共处，怀着同理心与自己面对面。那些努力使自己的生活方式与自己的整体性、社会性需求相协调的人，站在自己的立场上，承担着高度的责任。从长远来看，有一些品质不仅会给

> 天下莫柔弱于水，而攻坚强者莫之能胜，以其无以易之。弱之胜强，柔之胜刚，天下莫不知，莫能行。
>
> ——老子

自己和家庭带来压力，也会给社会的团结造成负担。因此，给生活中的"软元素"应有的空间，并让自己也进入这个空间，绝对是有意义的。那么，用共情靠近他人的步骤就容易多了。具体的步骤是什么呢？共情不等于同情心。否则我们最终会不堪重负，开始倦怠。重要的是，我们要增强我们的同情心。日内瓦大学的神经学家奥尔加·克利梅茨基（Olga Klimecki）博士发现，"共情训练"可以提升我们自身的抗压能力。所以，谈到共情时，我们要么专注于他人的痛苦——从长远来看，我们这样会从情感上压垮自己；要么专注于有建设性的同情心，增强我们的个人幸福感和内在力量。那些接受过训练，能以同情心看待个人问题、他人问题或地球上种种挑战的人，不会陷入灾难性的情绪沼泽中，而能澄清纠纷，找到解决方案。它也让我们离大家所憧憬的那个和平、互助的世界更近了一步。

每个人都有能力去做一些事，先在内部，进而在外部。

共情和合作意识并不意味着对所有事情说好，也不意味着将和谐看作最高目标。恰恰相反，

> 我们必须学会文明辩论，而不互相争斗。

它意味着采取情感上的适当立场，从尊重自己、尊重他人和尊重自然的内心平衡出发，为重要的事情挺身而出。

当然，也要在正确的地方设置界限，不要让某个人或某件事"霸占"我们，以保持内心的清明。但如果我们要学会文明辩论，而不互相争斗，就必须训练并有意识地运用我们

的共情。

当共情成为问题

　　然而，我们可能会过度共情。高度敏感且对自身经历做过深入处理的人，可以凭借身体语言、面部语言、言外之意和语言表达收集很多信息。对他们来说，很容易就能感受到对方的情况，并弄清如何让对方愉悦起来。他们不需要很多训练就已经非常会共情了，几乎完全是天生的能力。但请注意！在这种情况下，自己的需求很快会被放在次要位置。因为拥有强烈共情的人，在情感和思想上更贴近别人，而非自己。这就像一个自动运行的程序，带来的后果如下：

　　如果人们自我价值感不强，而且没有意识到自己拥有高度共情能力，他们通常会期望周围的人有强烈的共情力，但现实往往让他们失望。而这可能会伤害到他们的情感。受伤的人很快就会对伤害他们的人做出评判。压力与纷争接踵而来，优势变成了弱点。这很矛盾，但却真实而平常。平衡是生活的不二法门，在这里也是如此。

> 天生很会共情的人，往往容易对别人期望过高。

启发：平衡中的共情

　　摆脱对共情的过度认同是有可能实现的，这同时也是一个理解和转变的过程。该过程如下：

　　过度的共情对人们提出了过高的要求，如果想从中解

练习：训练共情

如果你在接下来几个小时或几天里遇到了你无法理解对方的情况，请先停下来，按照下列步骤做：

▶ 避免快速做出评判、挑起争论。

▶ 往后退一步，跳出当局者迷的怪圈，你就会发现，双方只是在表达自己的观点而已。

▶ 谁能打动你，你知道答案的，那就是你自己。但谁能打动他人呢？你能站在对方的立场上思考问题吗？你知道他的感受吗？你了解他的背景吗？你知道他经历过什么吗？与你有关吗？

▶ 与对方进行对话，弄清他的动机。他为什么那么说？他为什么那么做？出于何种原因？

▶ 牢牢记住对话的目的。目的不在于探究谁是对的，而在于相互理解，找到共同的解决方案：走出竞争，走向合作。

你可以反复练习以上步骤，最好从你有好感的人开始。即使和亲近的人相处，也会有分歧。如果效果好，你就可以选择下一个难度等级。跟着直觉走，拿出勇气，好好照顾自己，不要对自己和对方太过较真。如果进展得不太顺利，一点幽默或许能创造奇迹。祝愿你在共情训练中收获美好的体验。

脱出来，你自己可能会先摔一跤。你曾期待他人拥有更多同理心，并因此对他人发表评判，可恰恰是这些评判在给你使绊子。

1. 为了使共情恢复到健康的水平，我们有必要原谅曾伤害过我们的人。要成功做到这一点，就要先修正我们对他们所做出的评判。

2. 修正意味着承认对我们所承受的伤害负主要责任的是我们自己，而非别人。更确切地说，是我们过高的期望。

3. 一旦意识到这一点，你可能会出于老习惯谴责自己的错误行为。所以，请你也立马修正对自己的评判，原谅自己。

4. 我建议始终关注自己：这个过程不涉及对与错、好与坏、有罪与无罪。它仅仅关于情绪处理，因为你的共情已经过头了。

我相信你已经注意到了，我所说的都是经验之谈。对我来说，其实不仅要原谅别人，也要原谅自己。我也是吃过苦头，才逃离了共情陷阱。此刻，我很庆幸，我不用再为别人的境况而承受压力了。在前文所说的转变过程中，我总结了自己是如何成功做到的。起初，没有一直与他人感同身受让我觉得怪怪的。我那时觉得很不对劲，现在有时仍会有这种感觉。但我越来越确信，要想与他人轻松地相处，并建立互相欣赏的关系，就必须要有适量的共情和强烈的自我价值感。

5

学习自我照顾：如何打好基础

那是在圣诞前夕。那一年是成功的、疲惫的，同时也是有指导性的。但也是在那一年，我已经发现自己的身体状况不是很好了。不久前，我才下定决心要多注意身体。但不是这会儿！毕竟家庭、工作和朋友方面还有很多事情需要安排。但我最想做的，其实是安静下来，陪陪丈夫和孩子，多散几次步，或晚上独自蜷缩在沙发上，看一部自然纪录片或爱情电影。

但事实与期望相悖，圣诞派对近在眼前，举办地点是我们家，也就是我当时的家庭办公室。尽管那次派对是商务性质的，但所有受邀宾客都是我们的好朋友。这么说来，那次派对是一场令人愉悦且放松的聚会。尽管如此，我对这次派对还是喜忧参半，因为我当时很疲倦。我不想整个晚上都在客人和厨房之间来回奔波聊天，确保饮料供应充足。我能感觉到，压力如何一步步袭上心头。我觉得越来越疲惫，脑袋开始嗡嗡作响。

✳

这次我没有像以前那样，在自己施加的压力下大哭一场，而是向丈夫了倾诉我的窘境。我们很快就找到了解决方案。我们决定提供饮料和玻璃杯，客人可以为自己服务。反正先前计划中的餐食也是自助餐，而且是点的外卖。客人们姗姗来迟，我们享受着美食，而我还可以时不时地退回到我的办公室，或是在阳台上做几次深呼吸。虽然当天晚上我既不像派对女王，也不像敬业的女主人，但这并没有影响到其他人的好心情。我成功地照顾好了自己，也没有再大哭一场。我没有把注意力放在尚未发生的事情上，而是放在如何才能让自己和其他人尽可能轻松地度过这个夜晚上。

一场圣诞派对？一位疲惫的女主人？年底泄气？简单地说，你感觉不舒服吗？不如重组一下？这一切听起来难道不是很简单吗？是的，但有些事情说起来容易做起来难，尤其当旧的情感模式在背后作祟时，那样就会更难了，因为强烈的情绪刺激会在短时间内扰乱我们的思维。但即使没有情绪上的刺激，改变从前的做事方式也是一件难事。你要学会与自己的要求和他人的期望保持距离，走出一条不同的路，向世界大声地、明明白白地喊出"不"，重新定位自己。那我

们如何才能好好地定期倾听自己的声音，并尽可能地照顾自
己呢？毕竟我们更习惯咬紧牙关，压抑情感，蒙混过关。我
们往往甚至没有意识到，从中长期来看，这种行
为会危及我们的健康。

是时候踩下刹车了——完美主义的刹车。

或许现在的你迫切需要一些私人时间，但又有
不愿拒绝也无法拒绝的承诺，就像我在圣诞派对
上一样。事实上存在很多可行的"逃避之道"，只是我们没有
想到罢了，因为我们只考虑到是或否——我们要么能做到，要
么做不到。我们要么健康，要么不健康。我们要么敏感，要么
不敏感。不是好的，就是坏的。我们常常怀着期望和评价不自
觉地在两个极端间游走，而忽略了生活中的许多亮色。

在圣诞派对这件事上，我采取了新的方式，向丈夫倾诉
了我的窘境。这样一来，他就知道该做什么，这也解释了我
为什么可以在派对上时不时地独处一会儿。通过认真地对待
自己，谈论自己的需求，我让丈夫参与了进来。如果根据旧
模式行事，可能免不了一场闹剧，而根据新模式行事，我们
找到了解决方案。我甚至可以在疲惫中仍能享受到那一晚的
乐趣。

预防——我们如何采取措施，而非选择无视

过劳、疲惫抑郁、心脑血管疾病等无处不在。从中可以

看出两点：其一，我们在这个国家努力工作着，并且已经做好咬牙坚持的准备了；其二，我们没有敏感地处理自己的需求，对我们来说，眼前的成就比持久的健康更重要。这是不合理的。因为如果我们多多关注自己的健康，我们的工作效率其实会更高。

然而我们却常常用成就和工作来定义自己。有趣的是，就连"工作与生活的平衡"（work-life-balance）这个词组（指英文词组），都是以"工作"开头的。这非常清楚地展现了我们关注的重点——工作。即使在学校里，我们也被灌输这样的知识：我们只需要学习足够多的知识，就可以把所有事情都做对，获得预期的成绩。但做错事情总是难免的。受心理疾病困扰的人数不断增加，也就不足为奇了。在德国，心理问题导致的病假数量在 10 年内翻了一倍多：从 2007 年的 4800 万增长到 2017 年的 1.07 亿。同期，因心理问题而病退的人数也迅速增长——从约 53900 人增加到 71300 人。这种发展态势甚至也体现在儿童和青少年身上。研究表明，约有 50% 的心理疾病发生在 14 岁之前，约有 74% 的心理疾病发生于 18 岁之前，全世界约有 20% 的儿童和青少年患有精神障碍。

> 如果我们都不认真对待自己的需求，那么别人也不会认真对待我们的需求。
> ——马歇尔·B. 罗森伯格（Marshall B. Rosenberg）

这类研究最初记录的现象，从传统的角度来说，是被归为疾病的。在我们的社会中越来越常见的是，当人们不能正常发挥制度意义上的"功能"时，就会被视为病人，即他们"干扰"了体制里的其他齿轮。这些年来，黄皮书上记录在案的病理表征越来越多，但我们的身体和心灵只是想告诉我们，它们需要休息罢了。不如我们调转枪口，从不同的角度来看待现实：越来越多的成年人、青少年和儿童不适应这种社会体制，他们的身体和心灵都闹着罢工。这真的是我们自己的原因吗？还是说，之所以出现触及本质的社会问题，是因为我们的体制本身已不能正常运转，出现了疾病呢？

我们的社会目前还建立在"创造价值"的基础上，它要求我们保持快节奏。可这节奏我们无法长期保持，在最坏的情况下，它甚至会夺走我们的健康。在这个节奏快、工作密、时间压力大、工作难度高的时代，越来越多的人已经体会过身体和心灵罢工的滋味了。但我们都忍下了。我们勤于采取治标不治本的措施。我们刻苦地工作，却忘记了一些基本的东西：我们每个人每天完成的工作量，远超我们所能负担的量。

我们卡在了制度中，必须想办法应对。在我们家是这样的：只要有条件，需要休息的人就能休息。即便孩子需要上学，但她们更需要休息的话，就能好好休息。应该防患于未然，而不是等人生病了才补救。我的女儿们知道，她们不是非得不停运转，仅此一点就能减轻她们的压力了。总的来说，作为一个家庭，我们力争不做无谓的加速。我们更愿意采取预防措施，而非事后补救。但只要留在这种体制中，不完全脱离它，就并不总能自主做出决定。

我能够想象，这种思维方式和生活方式对许多人来说带

我们有责任记住自己
是谁，我们不是工作
机器。我们是人。

有挑衅意味。或许在那些多年来习惯于压制自己的敏感面，勇敢地咬紧牙关、谨慎本分、有意无意承担生病风险的人看来，这种思维方式

和生活方式是一种麻烦。但它也是一个值得思考的问题。

慢慢加速

如果我们一直在生活中匆匆忙忙，想进一步自我优化，希望可以获得更多成就，脚步永不停歇，我们就会在紧张与放松间失去平衡。我们期望自己能变得更卓越更强大，宁愿草率地踩下油门，违反自己的速度限制，剥夺了自己部分身为人的尊严，而不是合理地、有远见地使用资源——这描述不仅适用于个人，也适用于所有人类。如果我们长期在路上行驶，却从不驶向加油站，就会将燃料耗尽。我们早晚会产生这些体会：我们现在的状态远远不够好；我们不符合技术性要求；我们的"油箱"或"蓄电池"不够大；

我们需要重新理解
"做人"。

我们的能力和现状也不够；我们在生活这场纸牌游戏中拿到的牌越来越差。因为不想孤身一人，所以我们开始和别人进行比较。为了不让自己感到渺小，我们寄希望于他人，希望他们能剥夺他们自己的尊严。

痛苦与麻醉之间

早晚会有越来越多的人渴望少一些"被当成工具"的时

刻，多一些"自主空间"，这只是时间问题。因为他们已经无法再放松下来了，他们已经没有应付日常生活的力气了；因为他们与同事之间存在竞争，他们很清楚，如果不能履行好自己的职责，就会被取代；因为他们已经无法入睡了；因为他们生病的次数越来越多；因为他们感到痛苦……

把目光投向美国，我们就可以清楚地看到，如果人们长期专注于成就和自我优化，会发生什么。美国约有 1/3 的人每天在服用止痛药。许多美国人对麻醉药品上瘾。每天有近百人死于药物过量。其中肯定有很多人为了美国梦而努力工作过，却忘记了自己内心深处的需求。

但这似乎不仅是大西洋彼岸（美国）的问题。在德国，每天服用药物的人也越来越多。德国约有 1500 万至 2000 万人受慢性病的困扰。其中有 500 万人尤其受折磨。此外，据德国成瘾问题中心估计，多达 900 万德国人滥用药物。滥用药物的情况通常发生在用药时间过长、药物剂量过大或无医疗需求的情况下，比如为了提高工作效率或让自己"心情愉悦"。150 万至 190 万德国人非常依赖药物。因而药物成瘾在德国成瘾问题排行榜上排在第二位，超过了酒精成瘾。

> 如果您总是不珍惜自己，透支自己的生命，总有要还的一天。
> ——斯特凡·佐斯特
> （Stefan Sohst）

> 那些纵情享乐，透支生活的人，最终都会付出代价。
> ——斯特凡·佐斯特

为了少服用药品，并获得更多舒适感，我们能做些什么呢？也许我们应该重新学会相信自己。也许我们需要在生活的每个阶段勇敢地去处理自己的敏感。也许如果我们常常在自己和自己的脆弱面上花时间，痛苦就不会再频繁地掌控我们的生活。

在自己觉得不适时，请务必弄清楚其成因。忽视或压抑病症都不是良方。尤其是当梦想破灭，我们需要 B 计划或 C 计划时，这就到了依靠我们对自己的了解程度的时候了。因此，弄清楚自己在好与不好时的表现，就显得尤为重要了。或者说，我们如何应对痛苦，以及我们在艰难处境中面对自己敏感的一面时，可以做些什么。我们如何处理危机，以及我们最终从危机中挣脱出来时，是变得更强还是更弱，也取决于我们对自身弱点和挑战的熟悉程度。但它在根本上取决于，我们是否能相信自己，是否已经深入地认识自己了，是否利用了生活中那些曾捉弄过我们的情境锻炼了自己。

如果对自己的身体和心灵表现出的种种迹象关注得太少，我们很可能会失去获得内心声音的通道。然而在某些时候，身体和心灵为了引起人们的注意，会释放出更响亮、更惹眼的信号。我们越是长时间不关注它们，它们就会越猛烈地展示自己，以至于我们无法再无视它们。人们可能会因此觉得自己受到了威胁。乍一看，似乎是我们对这个世界过于敏感，我们的感情多多少少有一些破坏性。但这是一个非常错误的认知！恰恰相反，它们这样做不是为了毁灭我们，而是为了拯救我们！

身体和情绪的示警信号是我们的健康守护者！

当我们发现自己的身体和心灵失去平衡时，或者当我们必须注意一些事以保持健康或变得健康时，心灵就会接管我们的身体。站在性能的角度，我们最初会将身体系统的这种反应看作软弱的象征。但事实上，这往往是一种微妙且和善的示警信号，它在警醒我们要更好地照顾自己。

身体与心灵合作，向我们提供善意的帮助，并告诉我们，我们可以从何处着手，让自己重新变得完整、健康。这才是它们真正的强项！身、心、灵是合作伙伴，而不是竞争对手。它们是一个超级团队。重要的是，我们要时时关注这三点，在教育孩子的过程中也应从这三点入手。重要的不仅是身体素质和认知能力，孩子们的情感力量和精神天赋也同样重要，也应该被关注到。所以，让身、心、灵加入生命的游戏中来吧，它们也会成为可靠的好顾问。

工作与业绩的转变

职场已然颠覆了，10 年后的职场将不再是今天的样子。我们即将面临重大变革。越来越多由人类操作的工作将不复存在。越来越多的人希望可以减少工作量，有更多的时间陪伴家人，参与自然或社会项目，发展副业或成为自由职业者。越来越多的人醒悟过来，他们意识到，错的不是自己，错的是我们对自己的要求。这种认识为改变整体方向开了个好头。它让我们意识到，照顾好自己就是最好的预防。重要的是，最终目标并不是要提高效益，而是要感受到自己宝贵的价值，敏锐地感悟到真正重要的东西，让我们的社会体制重新变得更加人性化。职场正在逐步自我重塑。

如果我们能同时解决教育制度的问题，就再好不过了。按照现在的理解，那些看似是弱点的事物，背后往往隐藏着巨大的优势，这一点我们自己可以学习到，也可以教导给别人。现在，有越来越多在人生低谷逆转局势的人，选择将自己的故事分享给别人，给予他人勇气和力量。这涉及自我接纳、自我价值、崭新的人生观和更加紧密的团结。这些真实的故事和经历提供了形形色色的人生观，人们对它们的兴趣似乎从未断过。听故事是一种简单容易的学习方式。别人的故事推动我们前进，也让我们停下脚步，因为我们在故事中与另一个自己相连。

我们要关注自己的潜力和资源，而不要盯住自己的不足不放。我们要看一个人擅长什么，看他给自己的定

欲速则不达。
——孔子

位，而不是试图让他融入人群，并强迫他适应，把他硬塞到预制的职位要求和角色形象的框框里。每个人都是独一无二的。之所以说这番话，并不是意图妨碍人们融入集体，而是因为这正是大自然对人们的安排。无论是敏感者、思考者、和事佬还是强硬派，都是人们本真的样子，没有好坏之分。每个人都是带着自己独特的资源来到这个世界的。我们如果想重新调整好自己，汲取力量，倾听自己内心的声音，就需要给自己限速，而不是——减速。

你真的想在生活中继续冲刺吗？那样一来，绝大部分系统发送给你的信号都会被错过，因为你脚步太过匆忙，以至

于意识不到系统给你发送了信号。但如果你想了解自己和自己的需求，接收内心冲动的信号，就先停下脚步，感受、倾听自己的内心，不要着急，慢慢来。请你试着体会不进行任何生产活动的感觉，享受不用完成任何工作的乐趣。因为生命中最重要的冲动往往就藏在这虚无中。你不必总是气喘吁吁、汗流浃背地前进。任何放慢脚步的时刻，都是值得庆祝的时刻。因为这样你才能静下心来感受和处理你所经历的事情，然后你才能靠近自己、了解自己，然后你才能在此刻"着陆"在你生命中唯一真实的时刻……

放松——为什么休息、沉默和正念变得越来越重要

我们生活在一个无法放松、过度紧张的世界里。到达自身所能承受、负荷的极限的人也越来越多。

我们能否从日常生活中收获良好体验，取决于我们是否在紧张与松弛之间获得良好的平衡。不论我们是把自己的敏感当作局限，还是乐于"接收"，欣赏、尊重生活的多样化和多面性，两者都会对我们的现实生活产生影响。常常感受自己的内心，可以为我们打开新世界，减轻压力，让生活更轻松，让自己更有感恩之心。

> 持续不断的压力让人变得敏感。

练习：抵达现在

你把脚步放缓，走到了现在，这是一份真正的大礼！因为只有这样，你才能真正感受当下的一切。深呼吸几下，感受自己的内心，问自己：

▶ 我的内心深处有什么？我饿了吗？我渴了吗？我感到热还是冷？现在的一切都刚刚好吗？

▶ 我察觉到了周围的什么？我听到了什么？我闻到了什么？我看到了什么？我感觉到了什么？

▶ 出现了什么愿望、想法、人或任务？

请你时时刻刻都花点时间放慢脚步，让自己意识到内心有哪些需求、信号、想法和感受。它们可能会是宝贵的线索，指点你发现生活中真正重要的东西，让你知道哪些问题应该优先被处理，以及对你来说下一步明智之举应该是什么。

当我开始撰写新书时，我会经历不同的阶段。刚开始时，我的热情和好奇心几乎一发不可收拾。我想要工作，想要谈论它，想要阅读文献资料，想要吸收我遇到的万事万物。我所看到的、听到的、感觉到的、想到的、发现的一切，都要通过我头脑中的"过滤器"。我不断地收集、研究、记录所有想法。在某个时刻，我就必须得停止收集和检索信息。因为这个时候我需要深呼吸，以适合的文字赋予新书生命，将我的一呼一吸和一部分人生经历也投入书中，接受我"当下"的任务就是写作。为此我需要平静、开放和一颗初学者之心。我也需要有勇气去写我想写的东西，而不用不断地评判自己的文字，也不必担忧别人对此的看法。当我设法对自己友善一些并想抓住这个时机时，时机自然就来了。

我需要先从日常琐事中抽身，才能开始写作。但我有时也需要暂时放下写作，休息一下，回归日常生活。而有时我需要心灵的宁静，这个时候我既不会写作，也不会为生活操劳，总之就是不会做任何具体的事。这些时候，我就会沉浸于内心的海洋，收获新的认识后重新归来。因为当我想仔细审视内心时，我需要心灵和肉体的双重宁静，让我能倾听自己的声音，让我能更加了解自己和周围的人，让我能为自己注入新的力量。在外与内、工作与休息、写作与反思、显露与隐没、群居与独处之间不断变化。这种持续的变化支撑着我，让我找到了平衡。

那些经常停下来反思自己、观察别人的人，会给自己思考的空间，让自己能够继续发展，并确保自己的力量得以维持。深呼吸，喝杯水，呼吸窗外的新鲜空气，让目光随意游离。冥想或在公园散步10分钟，都能让我们更好地集中精力，如此一来，工作和休息更平衡，工作起来也更有效率。

坦率地说，此前我常常问自己，为什么始终保持高效这么重要呢？试着什么都不做，进入静止状态，即没有任何提升自己的意图，只是保持什么都不做的状态，这会让自己感觉很好，有什么不好的吗？答案是：没有什么不好的。重要的是，我们在休息的时间里就简简单单地休息。因为当我们利用休息时间来提升自己时，我们就并没有真的在休息。我们只是假装在休息。

经过长时间的练习，当我在工作中感到疲惫时，其实我越来越能做到自觉地休息一下，深呼吸，汲取新的力量，而不是被困在疲惫的状态中。在休息的时候，常常会有灵感迸发，我突然会知道下一步该做什么或者该写什么。美好的体验可以成为一种好习惯。

歌手朱迪斯·赫罗弗尼斯（Judith Holofernes）曾因自己的一次特殊经历写过一首关于无所事事的歌。她说，在一次巡回演出后，她单腿精疲力竭地站着，几乎失声，非常疲倦，而沉湎于什么都不做，成了她的救赎。她决定坐在沙发上，保持静坐，接受她心中所想和发生在她身上的所有事情。她就这样坐了四个小时——双腿、双手和大脑在痉挛。赫罗弗尼斯表示，保持静坐，并且不在静坐中进行其他活动，是一种幸福。现在，她已经将休息和放缓脚步融入日常生活，并以此来取悦自己，让自己接受当下的一切，不论是否愉快。赫罗弗尼斯说，反正在大多数情况下，一段时间之后自己就又会高兴起来了。

政治家莎拉·瓦根克内希特（Sahra Wagenknecht）曾表示，自己最近越来越频繁地生病，心力交瘁。她觉得自己不能再像前几年那样工作下去了，她向媒体公开解释了辞去左翼党党团主席一职的原因，她说："我不想再过这样的生活了。"她不得不做出一个艰难的决定：为了健康，必须将自己的政治生涯摆在第二位。莎拉·瓦根克内希特如此坦率地谈论自己和自己的经历，以及她对政坛的批判性思考，令人耳目一新。她曾将政坛描述成一个不断产生压力的仓鼠跑轮和无数场堑壕战。电视厨师蒂姆·梅尔泽（Tim Mälzer）、跳台滑雪运动员斯文·汉纳瓦尔德（Sven Hannawald）、政治家马蒂亚斯·普拉策克（Mathias Platzeck）、畅销书作家法兰克·薛庆（Frank Schätzing）、《商业周刊》主编米里亚姆·梅克尔（Miriam Meckel）、德国前国足球员弗洛里安·戴斯勒（Florian Deisler）、前宝马董事会主席哈拉尔德·克鲁格（Harald Krüger）也都曾公开谈论过他们的健康问题。不仅他们，还有很多人都经历过昏厥、疲倦、听力下降、绝望、无力、哭泣、神经衰弱或抑郁。不论知名与否，大多数人都喜欢工作，因为完成工作会给他们带来愉悦感。这是件好事。但我们也知道，工作、成就与休息间需要达成平衡。因为放松极其重要，所以我为你准备了相关练习。

> 休息是工作的一部分。
> ——约翰·斯坦贝克
> （John Steinbeck）

做完练习后，你的个人放松最爱清单就摆在你的面前了。请你想一想，上一次有意识地使用这些策略是什么时候。哪

练习：减少压力

花点时间想一想，当你想减少压力时，你通常会做什么？既要考虑短期的方法，比如深呼吸或喝一杯水，也要考虑需要更多时间的活动，如在树林里散步、上瑜伽课，或与好朋友聚会。下面是几个有用的问题：

▶ 什么对我有好处？

▶ 如何能真正地放松？

▶ 我一直想尝试的放松方法是什么？

请把你想到的东西写下来。

▶ _____

▶ _____

▶ _____

▶ _____

▶ _____

些你已经试过了？哪些还没试过？你有喜欢的仪式吗？有必要实施所有写下的内容吗？这会成为"放松引起的压力"吗？如果你已经有定期放松的习惯了，那恭喜你！照顾好自己是一件了不起的事。

但你可能也会在某一刻意识到，你常常只是想着要泡杯

练习：有意识地放松

如果你想从知到行，就必须先让自己放下正在做的事情，像个孩子一样充满好奇心！看看你列出的放松事项中你最爱做的事，依靠直觉从中选一个，然后就开始做吧。不要给自己压力，对自己友好些。为每一小步欢呼。如果你把一两个最喜欢的、对你真正有好处的放松练习融入日常生活，那比列出十个宝贵的小建议却不实施要好得多。如果你知道自己想要什么，那就放手做吧。"专注"是一个神奇的词。专注要求你允许自己放下其他所有事，只将注意力放在一件事上。

你做出选择了吗？那你现在可以制订一个实际的目标。例如：

知：当我花时间到外面呼吸新鲜空气，深呼吸几下，全身心投入此刻时，我的压力立刻就会减轻。

行：当我意识到，自己的注意力正在下滑或自己正承受压力时，我就会站起来，打开阳台门，深呼吸，停留在此时此刻。

那么，现在轮到你了！

知：

_____

_____

行：

_____

_____

手写记录一些内容可以帮助你付诸行动。但我不会轻易放过这个训练的！现在请你合上书，照着你刚才写的做。希望你能好好放松。

茶、洗个澡，或者冥想10分钟，而不会真正去做。曾经我也是这样，直到我开始频繁地践行能增强我幸福感的事。我很清楚，在日常生活中，知与行之间常常潜伏着一些障碍，每一个障碍似乎都比一点休息时间更重要。这个障碍可能是下一封邮件、报告的截止时间、孩子们的作业、采购，或是其他任何恰好隔在想与做之间的事情。只要稍加练习，再加上对轻松生活的强烈憧憬，这些障碍都是可以克服的。

当我一步步接近改变，并视之为情感过程时，我就会拥有良好的体验。这个情感过程包容万物：对自我感情的开放坦率、练习的时间、对自己的耐心及信任、与他人和家人对话。重要的是要知道，新的认识、人生信条和信念需要一定时间才能产生情感上的影响，以及自己能够做出持久的改变。通过这种方式，我渐渐将一种新的行为融入日常生活，在最理想的时候，我会带着我最爱的人一起去旅行。我们改变了自己的习惯后，受影响的不只是我们，还有我们生活的整个圈子。考虑到你可能想要了解更多放松的信息，我为你在本节的练习中提供了建议。

不要想着蒙混过关！不要假装放松，要真正放松！

现在呢？你现在感觉如何？你是不是比之前平静一些了呢？

除了放松之外，感情、身体上以及心灵上真正的亲近也能给予我们精神上的滋养。要定期减速，以及与他人保持良好联系，原因非常简单：它们都是有益健康的。我们本能地知道，这是我们将自己敏感的一面融入生活，并与天性——我们自己的天性以及周围人的天性——保持联系的唯一途径。因为当我们与自己或与我们的生活脱节时，后果会很严重：我们会忽略真正重要的东西。

每当我试图摆脱或否认自己的敏感时，敏感总是或早或晚又会追上我。每当我轻视或践踏自己软弱的一面时，我的精力就或早或晚会溜走。当我的大脑无法决定让自己休息时，我的身体和心灵就会给出指令，告诉我什么时候该做什么，虽然是用震耳欲聋的声音。在最坏的情况下，身体和心灵会强制我休息。你经历过这种情况吗？

但是，当你别无选择，只能坚持到底，不断挑战自己、超越自己的极限时，要怎么办呢？只要你意识到了现在所发生的事情，就好办多了。请你对自己保持坦诚的态度，即使在充满挑战的时刻也要学会机智地分配自己的力量。

对我来说，挨过"艰难时期"最好的方法就是不断地提醒自己，之后的事情会进行得更缓慢、更平稳、更谨慎。或者尽管工作强度很大，但我还是会有意识地安排短暂的喘息时间，关注当下。一个紧张的阶段结束后，我就知道，我需要时间来减轻身上的压力。在这段时间里，我可以有意识地去感受，去笑，去和大家一起深入地思考，去处理经历，去哭，去大自然中走走，去多睡一会儿。其实我发现，我越是有意识地经历困难时期，我内心的

> 最伟大的，不是我们最喧闹的时刻，而是我们最寂静的时刻。
> ——弗里德里希·威廉·尼采（Friedrich Wilhelm Nietzsche）

力量和修复能力就越强。我的力量在增长，我也变得更加健康、更加强壮。因为我知道自己的需求，而且我在努力——在力所能及的范围内——照顾好自己。

沉默的渠道

沉默对我们的大脑和身体来说意味着休息。它能减少压力激素，促进身体健康，为我们提供内省的空间，提高我们的理解力，增强我们的注意力和创造力。

沉默很难得，无论是在我们的日常生活中，还是在我们自己身上。我们已经脱离了沉默，并因此错过了生活可能有的样子。我们没有在角角落落设立宁静的办公区域，而是创造了越来越多的开放式办公室。在那里，我们被电脑和智能手机包围着，每当有新消息送达时，电子设备都会发出嘈杂的信号。不管是在市区还是马路上，到处都在施工，工程作业车的噪音在我们耳边轰鸣。孩子们也已经受到了过度刺激，我们迫切需要告诉他们，在面对噪音时，如何在嘈杂中寻求平静，从嘈杂中遁入宁静。

我们通过应用软件安排自己的生活，这些软件会告诉我们什么时候该喝水，我们每天步行里程是否足够，或者我们睡得有多深。我们没有倾听自己的声音，没有与自己产生共鸣，而是依赖于技术。我们与他人之间的对话越来越少，互相发送的短信或语音信息越来越多。叮！我们面临着成为机器的风险，我们变得只能做出反应，而不能自主安排生活，从内心汲取养分。每当智能手机收到给我们的信息时，我们就会随时停下查看。而当内心向我们发送信息时，它常常都会隐匿于日常生活的噪声中。我们太过忙碌，而没有时间倾听那些需要我们关注的人说话。当我们在日渐完善的数字通信，在越来越多的通信渠道中游刃有余时，有一种渠道——沉默的渠道——却慢慢被遗忘了。沉默是我们与自己内心沟通的大门。当我们把这扇门关上时，我们就会忘记如何使自己感到舒适、如何感知并解读内心的信号。外部世界越是复杂、越是刺激，我们就越是要停下来，浸入沉默，解开自己与万物的联系。原则上，这适用于所有敏感人士，尤其是高度敏感人群。因为如果不这样做，我们就可能会被外部世界操纵，完全无法看到内心的罗盘。

正念：对当下的开放

正念有助于维护沉默的渠道，让我们与内心的罗盘保持良好的联系。根据乔·卡巴金的理论，正念代表了一种有意识地感受、接受我们的经历，并善待自己的能力。

但正念不仅训练感知本身，它主要训练的是处理感知的方式。对于所有因密集处理各种刺激而负担过重的人，以及所有难以靠近自己本心的人来说，"处理感知的方式"有着重要价值。

由趋势研究员和未来主义学者马赛厄斯·霍尔克斯（Matthias Horx）创办的国际趋势学院曾于 2017 年发表一份研究

报告，在该报告中，正念甚至被理解为一种态度，我们可以用它来应对这个时代中的绝大多数挑战，无论是日益增加的复杂事物、数字化，还是生活各个领域中日益增长的不确定性。那么，正念到底是什么呢？

虽然每个人都有正念的能力，但活在当下，保持坦诚，不随意批判我们遇到的人或事，已经过时了。

正念意味着断开固有联系，从而重新建立联系。

我们习惯于不断做出决定，处理来自各种通信渠道的大量刺激，将我们的经历统统塞进抽屉里，置之不理，以便快速继续前行。我们很少花时间去觉察潜移默化影响我们的东西，去反思自己和我们的生活，或者去感受内心的震动。自省？不！我们的生活恰恰相反——迅速进入下一项日程安排。当人们突然要面对真实的自己时，会发生什么？当外界变得安静，但我们内心却充斥着混乱的思想和感情时，会发生什么？在我的印象中，我们很多人都难以忍受这种状态，因为它让我们感到害怕。只有少数人学会了如何处理这种感觉。

由于缺乏情感能力，我们不喜欢注视那些占据自己内心深处的东西。我们更喜欢逃进更受欢迎的

关怀自己就是关怀世界。
——乌尔丽克·谢尔曼
（Ulrike Scheuermann）

消遣中，比如电视、游戏机、智能手机和社交媒体。最近我们也会戴上奇异的大眼镜，隐匿在另一个虚拟现实中。从我的角度来看，这比寻找让内心变得强大的方法要疯狂得多。内心强大以后，我们才能靠近自己、清晰有力地影响世界。比

如，冥想就是一种让内心变得强大的方法。精神科医生克里斯托夫·安德烈（Christophe André）将缺乏症描述为极其可怕的病症，而冥想恰恰可以消除缺乏症。因为当我们冥想时，不仅可以弥补静止的不足，还可以弥补稳定与缓慢的不足。也就是说，我们要脱离自动驾驶，让自己重新有意识地把握住方向盘。而我们只有先让大脑休息，从内部创造连续性，才能做到这一点。

只有这样，我们才能清楚地看到什么才是真正重要的，才能担起那些对我们的生活和生活空间来说至关重要的事物的责任。所有人都可以尝试冥想，感受冥想带来的影响。必须要承认的是，冥想长期以来被看作是有风险的，因为还缺少冥想的好处的科学证明。如今我们知道，冥想可以改变大脑的结构、降低压力水平、增强免疫力、降低体内炎症水平并抑制引起炎症的基因、减缓细胞衰老，还能帮助调节情绪，建立新的反应模式。听来不错吧？那不妨现在就试一试吧！

冥想是一种奇妙的方式，它帮助我们更好地关注自己。当我们熟悉了正念之后，我们就能变得及生活得更自觉、更自由。这是因为，我们大脑的运作，也就是思想、感情的形成，是由我们的脾气秉性、基因和过去的经历决定的。我们越是无意识地生活，就越是依赖这些，越会陷入陈旧的模式或思想中。我们越是有意识地生活，我们自主决定的能力越强，自主选择的人生信条和目标也越多。我们在刺激和反应中创造了一个空间，它使我们能够有意识地做出反应并走上新的生活道路。

正念能做什么，不能做什么

尽管人们对正念教学满怀热情，但我们不能全然无视有
争议的方面。不是每个人都必须通过正念冥想来放松。还有

很多其他方法可以让自己放缓脚步，比如瑜
伽、杰克逊的肌肉放松法、情绪释放技术、自
体训练（Autogenes Training）、气功和森林
浴。也许这些方法中的某一种更适合你。

将冥想当作药物是有
害且过激的。
——托比亚斯·埃施
（Tobias Esch）

请注意：正念不是提高工作效率的方法，而是一种善待
自己和他人的方法。我的正念老师在 MBSR 课程的第一节课
就告诉我，她的老师在 MBSR 教师培训期间就因为精疲力竭
而累倒了。这个故事深深地烙在我的脑海中，因为如果不是
这个故事，我可能会将正念练习用于自我优化。

SAP 软件公司开始应用正念计划后，全球正念练习总监
彼得·博斯德曼（Peter Bostelmann）表示，通过正念练习，
公司员工在工作中感觉更加良好，这当然是一个好消息。自
该计划实施以来，工作满意度得到了提高，缺勤率也在下
降。但正念也面临着被功能化的风险，尤其是在商业领域。

如果只是为了缓解病症或让自己显得特别创新，而把正念
强加于人，内心的人生信条就不会真正发生变化，这就是正念
有争议的一面。之后可能会出现这样的情况：因为自己通过正
念练习变得沉着冷静了，所以觉得自己应该可以"轻松地"处

理更多的事务或诸如加班之类的不良工作方式，而这实际上进一步加快了日常生活的节奏。

就我个人而言，提到正念，有一点对我来说特别重要，就是习惯了处理自身感情的方式。人们可以通过正念练习学到，不是说人"是"某种感情，而是人拥有某种感情或能感觉到某物。也就是说，不是"我是悲伤的"，而是"我感到悲伤"。某种情绪袭上心头，告诉我们一些关于自己的事情，然后又离开。高度敏感人群能够密集地处理自己的情绪，并不会时常感受到压力，对他们来说，正念是一种宝贵的减轻压力的方式，正念让他们更加沉着冷静。

> 当我们坦诚面对自己的感情时，我们就会交到一辈子的好朋友。

但正念不应该致使我们轻视自己的情感，忽略情感所传递的信息！我认为，能够建设性地面对自己和他人的情感，有意识地感受其质量，并学会处理这些情感，是未来最重要的生活技能之一。因为情感会告诉我们一些关于我们自己和我们所生活的世界的事情。这些是只有情感才可言说的事情。重要的是，我们不要被情感所困，不要让情感缚住我们，也不要让自己陷入恐慌中。当然，实际上我们也不会陷入这样的处境，因为我们越是熟悉自己的感情，将它看作情绪能量在生活中的表现，并学会欣赏它们，那我们感受到不良情绪的情况就越少。

少一些工作，多一些快乐

冥想让我们明白，时不时地休息一下是相当有益的，在

练习：正念冥想

乔·卡巴金所述的正念练习由各种练习活动组成，如身体扫描、瑜伽、行走冥想以及静坐冥想。

正念冥想的方法如下：

▶ 放松身体，放空心灵。

▶ 将注意力聚焦到一个对象上，例如呼吸。

▶ 如果注意力游离，就温和地将它引导回冥想对象上。

祝愿你在冥想练习中收获快乐，也收获一场与自己的有趣会面。

准备：营造一个静谧、舒缓的空间。将手机调至静音。告知身边的人，你想要独自安静地休息一下。如果你在房间里，请你关上房间门，或者找一个安静的角落。你可以从三分钟、五分钟或十分钟的冥想时间开始。给自己设定一个计时器，选择一首冥想音乐，在你预留的冥想时间里，停留在当下。

坐姿：静坐冥想时，你可以挺直坐在椅子上、盘腿坐在坐垫上、金刚坐坐于地面上或冥想台上。不要倚靠外物，尽量依靠自己的力量支撑住。一段时间后，你的肌肉就会适应了。与自己沟通，触碰身下的地面。微笑。时常检查自己是否还坐得笔直，必要时再直起腰来，就像你正朝着天空生长。伸展躯体，敞开心扉。如果你喜欢，也可以闭上眼睛。

呼吸：静坐冥想要求你将注意力聚焦到呼吸上。观察自己的呼吸，你是如何吸气吐气的。空气流通是什么样的？你在何处感受到了呼吸？你不需要刻意影响呼吸，让它顺其自然吧。这样就很好。保持刚刚的呼吸。一旦你注意到自己不再专注于呼吸，而开始神游，开始专注于思想或感情，就请尝试重新回到呼吸上。对自己的呼吸保持好奇的态度。在正念练习中，这种态度被称为"初学者之心"。请你表现得像从未感受过自己的呼吸一样，像孩子一样惊奇。吸气的感觉如何？吐气有什么不同？吸气和吐气之间是否有一个转折点？这是什么感觉？

干扰：你是否感受到一股想要停止冥想，起身给自己泡杯茶的冲动？请你保持静坐，看看冲动过后会发生什么。有时候，冲动之后是一阵心绪不宁。请你感受并记录这种不安的情绪以及不断涌入意识的情感冲动。抵触、疑惑、悲伤、愤怒、绝望或恐惧，都不多也不少。它们能出现其实是一件好事。这样一来，它们就不会停留在潜意识中，而是会被你觉察。这也是建设性对待不安情绪的前提，也是区分哪些情绪是合理的，哪些是"冥想所致"的前提。请你"从上面"（冥想的元级别）感受一下自己的情绪。这样你可以制造一定距离，不再以情感来定义自己，转而获得一种新的角度。

其他形式：你也可以选择呼吸以外的冥想对象：情感、思想、声音或音乐、一幅美丽的图画，甚至是蜡烛的火焰。如果想要看到某样东西，你可以试着不要将眼睛完全睁开，而是稍微闭上一些，就是刚好还能看到一些东西。你不妨自己试一试。比如说，现在我很少坐着冥想，更多会在森林中漫步冥想。我将目光置于脚下的土地，将注意力集中到走路上；或者将注意力集中到一棵树上，太阳光穿过林间树叶，变成无与伦比美丽的光束；我也可以将注意力集中到光线上、萨克森森林中比勒河①的潺潺流水声上或鸟儿的鸣啼声

> 在刺激与反应之间存有空间。我们有权力于此空间中选择如何反应。我们的反应决定了我们的成长与自由。
>
> ——维克多·弗兰克
> （Viktor Frankl）

---

① 比勒河（Bille）流经萨克森森林。如果你想和我一起潜入森林，详细信息参见 https://kathrinsohst.de/。

上。我可能也会利用这段时间，有意识地让思想和感情在我的身体上自由流动，处理待处理的事务。有时，我会靠在树上，挺直背部，或找一个地方坐下（我通常会带着坐垫），闭上眼睛，倾听大自然的声音或专注于自己的呼吸。

感悟：你的冥想感受如何？有什么东西打动你了吗？你在冥想前感觉如何？你在冥想后感觉如何？你注意到了什么？如果愿意，可以将你的想法写下来：

> ▶ _____

> ▶ _____

> ▶ _____

> ▶ _____

> ▶ _____

职场上也一样。基于大脑也需要休息这一事实，八小时工作制似乎已经不合时宜了。研究表明，虽然许多人的工作时间长达 8 小时甚至更长，却无法在 8 小时内都全神贯注地工作。研究人员发现，如果我们每周工作时间超过 25 个小时，我们的认知能力就会开始退化。我们的好主意变少了，注意力变得不集中了，难以记住新的东西，也不再像从前那样擅于辩论了。

> 快乐是当下的事。如果我将快乐作为目标，那我就只能追赶快乐。
> ——伊内斯·巴格霍尔茨（Ines Bargholz）

有些工作将员工的工作时间缩短至 6 个小时，实例证明，六小时工作制在实践中也能奏效。它们取得了良好的效果,增加了营业额。例如一家瑞典汽车公司和一家美国公司甚至实行了五小时工作制,它们的营业额增加了40%。伯克利大学的莫滕·汉森(Morten Hansen)教授发现,每天只工作6个小时的人往往更有动力,更有满足感,更不容易生病。所以我们应该有勇气尝试新事物。

目前,生产力和工作时长常被混为一谈。对于有工作,且工作时长固定的父母来说,六小时工作制可以让他们更容易安排日常生活,而且能匀出更多时间陪伴家人和朋友,共同享受有益健康的小小幸福时刻。

此外,幸福也和正念有关。也就是说,我们可以感知并享受当下美好的一切。为此,我们不仅需要给予当下更多空间,还要能够安享在此时此刻,把其他不属于此刻的事物统统驱逐出去。赫伯特·格林迈(Herbert Grönemeyer)称之为"瞬间的幸福"。这个词引人深思。你最近什么时候享受过瞬间的幸福?什么让你幸福?什么值得你停下脚步,浸入沉默?

身体——运动、睡眠、饮食和碰触能改变什么

我在怀孕之后就停止健身了,我在近几年经历了健康危机后,越发觉得一点点夺回身体掌控权是一场真正的冒险。首先要接受身体的现状,这一点我在某些方面做得比较好,

在其他方面却完全不行。比如，我觉得女性的阴毛绝对是多余的……我们刚刚说到哪里了？哦，对了：接受并且不评判！谈及身体对我来说意味着，平静地看待我在过去几年发生的变化，这样我才能理解，我是如何变成现在的样子的。早在怀孕期间，我体内的铁含量就有些异常了，但我却始终坚信，铁含量会自行恢复正常水平。生了二胎以后，我的体重先下降了一段时间，之后就只增不减，当时我觉得自己的皮肤状态也很差。从之前一段时间开始，我的体重一直保持不变。我的目标是：重新变得苗条轻盈。现在我明白了，我之所以累积脂肪"保护层"，也与我在那段时间里频频在公共场合露面有关，虽然我一直更想留在幕后。回过头来我才发现，接受身体的现状比我想象中更具挑战性。因为我想要成为优秀的人，我认为自己必须付出超过百分之百的努力，形象要符合一定的标准，所以多年以来我都承受着巨大的压力和过少的睡眠。再加上营养不足让我常常感到饥饿、无力、无法集中注意力。"会好起来的"，长久以来，我总是这样想，也忍受了太多我本不必忍受的。我咨询过的医生都没能整体看待我的问题，我从来不认为药物能够帮助我变得健康并保持健康。

重新掌控并学会爱自己的身体，对我来说意义重大。重要的是，要接受身体的变化。变化是符合人类天性的，而且每个人的身上都会发生变化。最让我困扰的并不是衰老和皱纹，而是身体信号的变化。我已经忘记了很好地解读身体信号是什么感觉了。现在我正在重新学习倾听自己的身体。在过去的几个月里，保持对这个话题和对身体的关注对我来说变得更加重要。必要的时候，我也会向外界寻求帮助。这期间，我会始终保持批判性和自主性。我会接受那些我觉得不错且效果的确良好的帮助。当我觉得自己误入歧途时，我就会寻找其他出路。除此之外，我还能自己做很多事：重新开始健身，和我们家狗狗一起散步，多多睡觉，一步步改变我的饮食习惯——遗憾的是，老毛病还是会犯。尽管如此，认识到自己能改变的东西，让我感觉不赖。

我们的世界越是数字化，我们的工作越是繁重，我们就越没有运动的习惯，空闲时甚至都疲于伸展四肢。问题不仅仅存在于运动方面。电子屏幕和辐射让我们很少能拥有安稳的深度睡眠。我们不再自己烹调新鲜的食物，而是吃食堂、下馆子、点外卖。环境毒素——土壤中的微塑料；农田中的有毒物质（它杀死了植物周围本该生长的所有生物）；水中的农药残留物和塑料；马路上的轮胎磨损产生的空气污染；空气中的废气——不断增加。越来越多的人因接触重金属而出现中毒症状，但大多只针对病症进行治疗，而非病因。

食物不耐受、电磁过敏、过敏反应以及各种心理和生理疾病都在增加，但很多人却忽略了身体向他们发出的信号。我们似乎越来越倾向于忽视自己的自然性需求。如今，到处都在谈论着正确的心理状态，即所谓的心态，却鲜有人提及健康的身心灵管理。

我们应刻不容缓地全面审视自己，对我们的身体状况更加敏感。相比敏感度较低的人群，高度敏感人群往往更早面对不健康的生活方式或有害的外部刺激引起的后果。一个人越是敏感，就越容易被外界的负面刺激影响。

运　动

我们优化日程安排，在任务与任务间冲刺，在 24 小时内完成一切可能完成的任务。除了很多运动量不够的人外，还有很多人在下班后继续冲刺——为了运动。因为我们在优化了心理性能后，当然也要优化生理性能。或者反过来也能行，我们早上起床后就立马开始冲刺，不断提速。千万不要误解我的意思：我不是运动狂。坐着时思考如何平衡精神追求既是好事，也是一件重要的事。不过我常常问自己，我们在社会上推广运动健身的方式，是否反映了我们在工作中或个人项目中的衡量标准。要想确保不会适得其反，就必须做到心中有数，要知道，就像将正念当作药物毫无用处一样，将锻炼身体当作药物也是同样的结局。如果保持健康、锻炼身体只是为了提高工作效率，那就大错特错了。因为这样一来，

那些敏感的人会比其他人更早地意识到，什么会长期影响每个人。

练习：运动记录表

运动很重要，对身体有好处。要清楚自己多久运动一次，自己最喜欢什么样的运动。请你花一点时间，将想到的东西记录下来，或将让你"动起来"的东西画下来。你也可以在一周内对你的笔记和画作进行补充——每当你谈及运动时。请你回答下列问题：

▶ 我多久运动一次？

▶ 我每天运动多长时间？

▶ 我喜欢什么样的运动？

▶ 我不太喜欢哪些运动形式？

▶ 我在什么时候感觉良好？

▶ 我的身体什么时候会给我一个想要休息的信号？

▶ 我想重新开始哪些运动？或者说，我早就想尝试哪些运动了？

了解自己的运动情况后，你就可以为自己设定目标，并思考如何实现目标，以及为此还需要做些什么了。我建议你，按照自己的节奏挑战自己，但不要过度苛求自己。

人们的关注点就不单纯是健康或运动本身，而跑偏到效率方面了。出于这方面的动机，人们很有可能会在运动过程中忽视或无视身体信号，从而面临过度劳损或受伤。这绝对无益于可持续的健康，也丝毫没有体恤自己的身体。

睡　眠

入睡，将我们从生活的忙忙碌碌和快节奏中解救出来。我喜欢晚上躺在床上，专注于自己的呼吸，渐渐沉入睡梦。

睡饱，听起来像耳边温柔的音乐。所以我希望能常常睡饱。凡是倒班工作、需要早起工作或通勤时间很长的人，都能明白我的愿望，有孩子的父母也一样。孩子们都能保证充足的睡眠时间和良好的睡眠质量。基本上，孩子们的睡眠情况与我们大不相同。这种情况会持续一段时间，即使孩子们长大后，他们的睡眠-觉醒节律（Schlaf-Wach-Rhythmus）也常常与父母不同。但无论个人睡眠需求如何，很多家庭的闹钟都会在早上 6 点响起。

> 每一天都是一个小小的生命过程；每一次醒来都是一个小小的诞生；每一个清新的早晨都是一段小小的青春；每一次休息和睡眠都是一次小小的死亡。
>
> ——阿图尔·叔本华
> （Arthur Schopenhauer）

每个人都知道，早上睁开双眼，感觉自己无比清醒且精力充沛，动力满满地期待着新的一天时，是何种感觉。不过，大多数人很少能体会到这种感觉了，包括我。睡眠不足似乎已经成为生活的常态。如今人们每晚只睡 6 至 7 个小时，比 20 世纪 60 年代时少了 1 至 2 个小时。恰好也比研究证明人们实际所需的睡眠时间少了 1 至 2 个小时。入睡困难和睡眠质量不高已成为普遍问题，人们都深受其害。

我们如果想变得更有活力、更稳定，那很有必要深入研究、检验我们的睡眠时长和睡眠质量，看看我们是否可以进行一些改善。为自己设定规矩是有效的辅助手段。睡眠不仅与我们的夜间活动有关，其实也与我们白天的行为有关。因为我们能否睡得好，还与我们身体的化学机能，以及睡眠激素褪黑素的分泌有关。

人体在夜间分泌褪黑素。所以我们在冬天往往比夏天更嗜睡。重要的是，我们应该在白天尽可能多地享受日光，以便将身体调整到健康的睡眠-觉醒节律状态，进入休养生息的深度睡眠阶段。但我们反而在工作时连续几个小时盯着各种各样的屏幕，晚上在电视机前，甚至在睡觉前也要盯着智能手机。我们的身体就会承受额外的负担。屏幕蓝光会抑制褪黑素的分泌。我们如果到了深夜仍旧在网上冲浪，就剥夺了自己从疲累的一天中解脱出来、把烦恼和困难调成免打扰模式、安安静静地进入睡梦的机会。

启发：你睡得好吗？[①]

你觉得自己睡好了、睡饱了吗？你在白天是否比较清醒、精力充沛？还是说你很快就累了，午间总是需要喝杯咖啡来撑过一天？有一些小技巧能帮助你获得充足的良好睡眠，你可以试一试。

日间建议：早晨或上午最好不要戴墨镜，到空气清新的地方晒 20 分钟太阳。午休时间也很是享受阳光的绝佳时机。多云天气则最好外出晒 1 至 2 个小时太阳。

---

① 读乌尔丽克·谢尔曼的《自我关怀——你很珍贵》有感。

如果你不能到户外去，可以自行购买光疗灯，照度为 100001x（勒克斯）最佳。

晚间建议：只保留必要的灯光，关闭电脑和电视，将智能手机放到一边。如果你想用手机定闹钟，请将手机调至飞行模式再带进卧室。此外，大多数电脑和手机都有夜间模式，可以将显示屏调整到更适宜的亮度，这样就不容易损害眼睛或对身体造成不良影响。你可以购买深色窗帘或卷帘，以确保卧室足够暗，也可以使用眼罩。请确保卧室是房子里最凉爽的地方，这一点在盛夏难以施行，但在一年中的其他日子里可以做到。晚上 7 点以后尽量不要进食，这样身体才能够安静地消化、休息。为自己花一些时间——你可以为自己泡一杯不含咖啡因的安神茶，读一本好书，和另一半依偎在一起，为自己准备一个暖水袋，听一听悦耳的音乐，或者记录你所经历并心怀感激的事情。给自己半个小时来凝神静气。信任地将自己托付给黑夜，它会给你带来崭新的一天。如果你睡不着，冥想训练其实可以帮你入睡。如果你感到疲倦了，就请躺下，专注于呼吸的节奏，至少随着练习，你的万千思绪会慢慢隐去。呼吸入睡法是绝妙的入睡方法。

你的收获：睡眠好的人身体素质更好，精力更充沛，抗压能力更强，情绪更稳定平和；饥饿感会减少，人不容易嘴馋，会更渴望健康的食物，不易发胖；慢性病如

2 型糖尿病、抑郁症、阿尔茨海默病或其他痴呆病的患病风险会降低；我们的皮肤和头发能够更好地再生，因此，我们的寿命也会更长，气色会更好；我们的头脑更清醒，更能集中注意力，我们会学得更快，更有创造力；大脑的效率也可以提高数倍。

饮　食

素食主义者、原始饮食主义者、纯素食主义者还是生食主义者？食用麸质和乳糖还是最好不吃？吃糖、代糖，还是完全戒掉添加糖？人类的理想食物是以可持续方式生产、加工较少、含盐量低的新鲜食物。但众所皆知的是，我们吃了太多太多的肉了。这不仅对我们的健康有害，还助长了工厂化养殖，给生态环境带来了灾难性后果。大豆被当作动物饲料，为了种植大豆，巴西及其余各地的雨林和原始森林被摧毁——我们的地球之肺正在燃烧。但尽管人们早已知晓这一事实，我们在饮食方面却仍旧有诸多烦恼和困扰。过去人们想得简单得多：每天一个苹果真的能让医生远离我吗？今天我们知道，多吃蔬菜水果才能满足我们的营养需求。

但还有一个问题是，可供我们食用的农作物越来越少，所以我们盘中食物的多样性也在减少。这是因为只有少数大公司间有种子业务往来，他们出售的杂交①高产作物虽然产

①　杂交作物不能留种。而常规作物的种子只要保存得当，就能反复使用。

量更高，但也更易受环境影响。而更稳定的常规种子现在只能被存放在仓库里或由私人在种子节上交换、种植、维护。

另一个问题是农作物的营养价值。空气中的二氧化碳浓度上升，不仅导致气候变暖，而且还降低了谷物、蔬菜、水果的营养价值。目前的情况是，尽管气候大会做出了诸多努力，但大气中的二氧化碳浓度和全球二氧化碳排放量仍在上升。营养学家塞缪尔·迈尔斯（Samuel Myers）和马萨诸塞州哈佛大学的马修·史密斯（Mathew Smith）研究发现，二氧化碳问题可能会导致 225 种主要农作物中的天然铁、锌、蛋白质和维生素的含量减少 3% 至 17%。

同时，由于工业化农业的发展，土壤质量也在日益下降。未售出的塑料包装的水果和蔬菜会被送往堆肥厂，但在此之前，德国超市不会将塑料包装拆开。如此一来，微塑料颗粒就会进入堆肥中，而包含了塑料颗粒的堆肥成了田间肥料。据研究人员猜测，土壤中的塑料比海洋中多了 20 倍。汽车轮胎磨损也会造成土壤污染。目前还没有可以快速消除所有这些难题的方案。重要的一点是：无论涉及哪项问题，都不能再以个人为单位，在考虑生态系统的需求，特别是涉及饮食方面时，我们应该要有集体意识。这确实是一个敏感问题。

人们越来越渴望自己在阳台上或花园里种植水果和蔬菜。

我们人类也是生态系统的一部分，是食物链的一部分。如果食物链受到过多干扰，最终也会波及我们。因此，我们在购买食物时注意保护、促进生物多样性，才是明智之举。我们可以从有机农户或有机食品店购买蔬菜，也可以自己在花园里或阳台上种植常规作物。

我想和你分享一次重要的经历，它让我在身体意识和饮食这两个部分达到了完美的和谐状态。我的大女儿刚刚熬过了几天腹泻，几乎完全没有食欲。但我还是想让她吃点儿东西。我在路上给她打电话，问她有没有特别想吃的东西。起初她还没想到要吃什么。但她突然大声说："我想吃桃子。"她的回答让我吃了一惊，因为一方面现在根本不是产桃子的季节，另一方面她根本就不爱吃桃子。于是我一时兴起，在手机上搜索了桃子的营养成分。其中一个数值让我尤为关注，因为它相对其他数值高了许多——每 100 克的桃含钾190 毫克。我在进一步调查后发现，人在腹泻后常常会因缺钾而出现头晕无力的情况。这正是女儿一直在抱怨的问题。现在我有了一些头绪，我找了其他富含钾的食物，为她补充身体所需的营养物质。女儿吃得津津有味，身体也很快好起来了。

启发：不同的饮食方式

长期以来，我们在饮食方面主要考虑自己的需求，基本不考虑环境方面的问题。这种方式已经不合时宜了。我们要准备好以统筹兼顾的方式来处理饮食问题。不仅是为了我们自己，也为了地球母亲。我认为有 3 个重要的方面：

1. 无论是工业化养殖、单一耕作、工业化农业，还是使用农药、刀耕火种、操作基因或申请种子专利，我们有责任审视自己在富裕社会中铺张浪费和大吃大喝的程度及其后果，我们必须更正自己的行为。

2. 除了听从营养学家和饮食专家的专业建议，我们还可以跟随身体的智慧，与自己产生共鸣。这样一来，你会逐渐学会相信内心在饮食方面的冲动，你就能温柔而有力地承担起责任，越来越有意识地规划饮食。

3. 我们不仅可以每天越来越有意识地购物和饮食，还可以为维护自己的健康和生态系统的健康做出贡献——这也是我们的责任。

碰　触

肢体接触对我们的健康至关重要，但它受我们各自的地域文化影响很大。谁在何时、如何触摸谁，什么是允许的，什么是不被允许的……在不同的文化背景下，关于碰触的认识也大不相同。我还记得那个总让我情不自禁微笑的场景：我当时飞到西班牙做图书宣传，司机到机场接我时，以亲吻我左右脸颊的方式和我打招呼。对于我这样一位出身汉堡的女士来说，这不是惯常的打招呼方式，但我并不讨厌这种方式。虽然我不太会说西班牙语，司机也不太会说英语和德语，但他的亲吻礼让我们之间建立了良好的关系，所以在从机场到酒店的路上，即使我们没有交谈，我也会感到很亲近。

在双方同意的情况下进行的碰触，让我们感到愉悦。无论是性爱还是温存，无论是友好的拥抱还是孩子们信赖地依偎在我们身边，爱抚、温存和亲吻都是对身体和心灵的滋养。碰触让我们意识到自己的存在，让我们感知到与他人的联系。予以孩子们碰触，他们才能成长，我深知这一点。因为只有我们在晚上进行一系列碰触活动时，孩子们才最安定。我们会用手指搔痒、抓挠（当然是非常轻柔地）、亲吻、温柔地抚摸……肢体语言和肢体接触是纯粹的交流方式。

我们不仅能通过触觉感知其他人，还能感知自己。莱比锡大学的知觉心理学家马丁·格伦瓦尔德（Martin Grunwald）指出，肢体接触对调节和放松情绪不可或缺。此外，有些免疫反应只能通过肢体接触来激发。对碰触极其敏感的受体会将其信号发送到大脑，例如后叶催产素——爱的激素——就会在大脑被释放。它不仅是亲密关系的必要条件，

> 如果没有触觉，我们就无法意识到自己肉体的存在。

还适用于其他情况。研究表明：如果紧张不安的学生能在期末考试前得到一个拥抱，他的压力会减轻，血压会下降。而那些稍微碰触到了客人的服务员，可能会得到更多小费。

大自然——我们会从生命的循环中学到什么

　　神秘的满月雪夜、湿透的雨衣和雨裤及橡胶长靴、在阳光下泛着璀璨光芒的春天嫩芽、被淹没的道路、干涸的小溪、虱子、跳蚤、冰冻的河流、结冰的小径、风暴、秋天的颜色、霉味、动物尸体，干枯的草木萎靡不振，各种颜色的树叶纷纷坠地……到凉爽的森林中躲避炎热，遇见林间小路旁内心恐惧的大野猪，为了比我的狗更早发现鹿、小兔子、松鼠和蛇，它保持着高度专注。在养了一条狗以后，我能够持续地、越来越敏锐地觉察到这些细节。在我们邀请萨姆——一条16个月大、迷惘、缺乏安全感的小混种犬——进入我们的生活之前，我们根本没有料想到它会对我们造成什么样的影响，也没有料想到与狗共处意味着什么，更没有料想到我们以一种前所未有的方式体验"户外"。萨姆为我们的生活增添了一份野性。内省让我们清楚地意识到自己身上发生的事，为了真正理解萨姆的野性，我们必须准备好迎接自己的野性。开诚布公地说，这曾让我感到绝望。而且——我的印象中——我们还远远没有达到目标。尤其对我来说，和萨姆的新生活开端并不十分顺利。虽然是我决定养狗的，但我很快就觉得萨姆是我日常生活的入侵者。萨姆原来是一个我无法理解，也不愿意理解的存在。一段时间后，我才意识到我对萨姆的看法是错误的，也意识到我和萨姆间的相互协作并不顺利，这与我对自己、对周围环境和对他人的态度有很大关系。首先是我们所需承担的责任实际超出了我的能力范围，让我不堪重负。简而言之，萨姆迫切地要求我有所进步，而且萨姆如愿以偿了。为了萨姆，我已经超越了自己，突破了界限，走出了舒适区。以前去户外时，我喜欢带着相机，专注于细节，有时会忘记关注周围其他事物。和萨姆在一起时，就完全不同了。我现在必须时时刻刻保持警觉，关注四周的一切。同时我必须表现得自信，树立权威，尽管在很多情况下，我在与萨姆相处时都毫无自信可言。高度敏感人群或许能体会到其中的艰辛，这确实得花不少时间练习。挫折总会不断到来。我越想为萨姆变得更"好"，给自己的压力越大，萨姆表现得就越糟糕。我如果不想萨姆变得暴躁，甚至狂吠不止，就必须摆脱旧的行为模式。

我和萨姆一步步走近对方，但我还是在很长一段时间里都很怀疑我们家和萨姆是否真的相互适合。我也有过非常想把萨姆送走的时候。但当我们第一次联系到对萨姆感兴趣的人时，我又彻夜难眠。当时我觉得自己像个叛徒。于是小萨姆就留在我们家了。从那以后，情况开始好转了。让萨姆离开的计划是我们重新开始的基础。一个周期结束后，另一个周期开始。正如秒、分、时、日、月、年的开始和结束一样。正如大自然每年都会更迭一样。生命不是在稳定发展中行进，而是在循环中行进。对我们自己、对我们的孩子、对动物和植物都是如此。我们很少将自己看作大自然的一部分，却急于谋取在大自然中的一席之地。

　　我计划让萨姆离开我们家后，发生了很多事情。我承认，我没有办法处理复杂的状况。我把自己置于全家的对立面。我知道如果萨姆不能在我们家继续生活，我的大女儿会很难过，但我甘愿接受这个现实。我必须为自己和我的需求发声，我已经做好和萨姆告别的准备了。奇怪的是，那次告别后，我身上的压力突然消失了，我不再想着要做好所有事，也不再想着要为萨姆变得更好。于是，告别就变成了一个新的开始。萨姆也感觉到了我的变化。当我心心念念地选择我与萨姆的故事作为与自然共处的象征时，我才明白，让萨姆离开或留下的决定不仅与萨姆有关，还与很多东西有关。我才意识到，萨姆将我与自然，以及我与自己天性的联系提升到了另一个层面。这种联系一直以来都非常强烈，但我却恰恰因此始终否认。我把和萨姆外出的机会当作珍贵的礼物，即使时间紧张，即使天气不好，我也要和萨姆一起到户外去。我与周围大自然接触得越多，我对自己天性的感知就越强烈。于是，小萨姆成了我的天性守护者。它让我与生命的循环相连，让我每天都能看到大自然的美丽。

✳

　　当我们注视大自然，并将自己视作自然的一部分时，我们很快就会发现，生命都处于循环中。万物不可能永远向上行进，并非所有树林始终都有叶子覆盖，就像人类在生命的每一个阶段蕴含的力量都不同。女性生理周期和随着岁月流逝而衰退的生育能力都是生命的体现，它们一再提醒着我们，我们在变化，我们每天都有一些不同，我们是大自然中稳定变化的一部分。

把自己封闭起来，拒绝接受、否认，甚至抑制必然出现的变化，对我们毫无益处，事情很快会发展到无法忽视的地步。我们究竟该如何自处呢？从云端坠落？惊恐地举起双手？我们最好还是明确自己的位置，或者拿出信心寻找新的位置。因为我们已然活了许多年，在生活中扎稳了根基，对生命的种种面貌都了然于心。如果我们对万物的发展保持敏感，就会明白，虽然保持敏感需要极大的勇气，但敏感也会释放出难以想象的力量。在生活中将敏感把控得游刃有余的人，具备全面看待新发展的能力，即使是在充满变动的日子里，也能清醒地掌控生活。要做到这一点，就必须明白：世间万物总在变化，这一点亘古不变。

> 到森林里去，重新变为人类。
> ——让-雅克·卢梭
> （Jean-Jacques Rousseau）

大自然——治愈之源

一场时下潮流让我欲罢不能——来自森林医学的"Shinrin Yoku"，也就是森林浴。我很少跟随潮流，但森林浴让我如痴如醉，这发生在森林浴成为热门话题前。因为我一直都能感受到森林给我带来的积极影响，只可惜我很少有机会置身于森林中。现在我会有意识地穿上登山靴或徒步凉鞋，一有机会

练习：今天去踏青！

在你因感冒或意外宿醉而旷工或旷课前，我建议你去踏青吧！觉得身体不适时，我们往往容易退却，更想躺在床上或沙发上。我们的免疫系统需要新鲜刺激，或者我们急需减轻身上的压力。我还有另一个想法：穿上应季衣物，前往你喜欢的森林（或野外树林），让感官慢慢都打开吧！

把手机和狗都留在家里，慢慢地走。如果你不想一个人到森林或野外树林中去，可以带上一位同行者，在他的陪伴下能更好地放松自己。或者你也可以请一位熟悉森林的人陪你一起，比如森林浴导师或森林教育家。然后你就可以沉浸在森林里了：

- ▶ 不时地停下脚步，闭上眼睛。呼吸森林中的空气。森林闻起来是什么味道？它的味道让你想起了什么？
- ▶ 仰望树梢或走到树旁，仔细观察树皮的结构。
- ▶ 蹲下观察在地面爬行、生活的生物。
- ▶ 在德国，我们生活的纬度区里太阳永远不会升得过高，因此在早晚或冬天，可以看到林间美丽斑驳的光影。
- ▶ 在树桩上小憩也很惬意。在一个美丽的地方安身立命，流连忘返。
- ▶ 如果你找到了一棵触动你、让你感到好奇的大树，请你靠在它的树干上，用背部感受它。或者给它一个拥抱！去吧！毕竟多亏了树木制造氧气，我们才能够呼吸。这也许悄悄地触发了你的感恩之心，让你感到自己与树木间的联系！
- ▶ 始终关注自己的呼吸，让林间清新的空气流遍全身。
- ▶ 你上一次触摸苔藓、树叶、小草、木头和松果是什么时候？要常去大自然中摸索，享受与自然的碰触。

▶ 你有收集东西的冲动了吗？尽管去做吧！有时你会发现一件能久久伴你左右或对你有特殊意义的东西。也许你的藏品中早晚会出现一件小艺术品或曼陀罗，在这方面你有无限的创造力。

▶ 有什么事物让你感到不堪重负，想从中解脱吗？用石头或树枝代表烦恼，象征性地将石头扔进小溪，将树枝埋进土里，或者你也可以找到自己的独特方式。

如果你想潜入森林，汲取森林的力量，就务必让自己感到舒适和宁静。不必长途跋涉走很多路。重要的是与自己的天性和大自然接触。你最好自己尝试一下，体会与森林接触前后的内心感受。有什么变化吗？感觉如何？希望你能在大自然中度过一段愉快、惬意的时光。

为了你的安全，在雷雨和风暴天气（包括暴风雨过后的几天）切勿进入森林。请勿站在被连根拔起的树木的根盘上，请注意提示林业工作的隔离障碍物和禁止标识。

就奔赴森林。虽然湖泊、溪流、森林附近绵延起伏的大片草地、宽广的海景也能让我心旷神怡；但森林可以赋予我安全感、清晰感，以及来自内心深处的力量。

研究表明，人们更喜欢开阔且多样化的景观，但景中必须含有树林或小片森林。这样一来，既有宽阔全景可欣赏，又能体会被保护着的安全感。我们喜爱树木，是因为它为我们送来阴凉，而且树木的生长形态使之易于攀爬，一旦孩子们发现这样一棵大树，就会立马行动起来。

森林浴就像一座桥，它打开了我们的感官，填补了我们和自然界的鸿沟。

——李卿

环境免疫学教授李卿（旅日华人）的研究证明，在森林中停留一小时后，血压、心跳和皮质醇（一种压力激素）水平会下降，而自然杀伤细胞的数量会上升。自然杀伤细胞能抵御病毒入侵我们的身体，并增强我们的免疫系统。丹麦的一项研究证实，从小在自然环境中长大的人，往后患精神疾病的概率较小。多项研究表明，靠近森林生活的城市居民体内处理压力的大脑区域，如杏仁核，具有更健康的生理结构，这很可能促使他们更好地应对压力。这很像先有鸡，还是先有蛋的问题：是健康的人更喜欢住在森林附近，还是森林对身体健康有积极作用呢？

树木对人类心理健康的积极影响远比短暂的幸福时刻更长久。

——李卿

瑞典研究员罗格·乌尔里克（Rogev Ulrich）早在 1984 年就发现，房内摆放绿色植物的病人好转得更快，服用少量止痛药就能控制病情。如果病人房内悬挂着被森林覆盖的河岸的照片，情况也是如此，而抽象画则没有积极、益于健康的作用。

森林医学的研究人员仍在讨论，这神奇的功效从何而来。是什么赋予了森林和大自然治愈能力？芳香烃、萜烯，树木体内的信使物质为树木防御害虫，我们也可以嗅到、触摸到这些物质，是它们在发挥作用吗？是因为我们童年时在森林中度过了无忧无虑的日子，所以对森林的联想大多是积极向上的？是基因层面的原因，因为从进化论的角度来看，森林对我们的作用比城市更大？还是比如当我们享受森林浴，在林中漫步，偶尔停下脚步，用所有感官去感受细节（比如穿过层层树叶的光束）时，正念就会发挥作用？很可能是因为森林汇聚了所有积极作用，因此越来越多的人选择追寻"绿色的大自然"，并意识到，我们不仅要利用生态系统，更应该要保护它。

在日本，医生会建议病人在森林中停留数天。在挪威，有两家医院已经在医院旁的森林中建造了包含病房的树屋，以促进病人早日恢复健康。大自然变成了治愈之源。它也为我们指明了回归人类天性的道路。

当我们与自然和谐共处，平衡自然就会出现。

敏感的纯粹力量

我的心脏都快跳到嗓子眼了。我颤抖着在公寓里来回踱步。就在昨天，我搬进了新家。我现在正独自一人在我的新公寓里。

　　搬家前不久，我和当时的男朋友分手了。到了20多岁，我已经受够了男人，我确信世上没有适合我的男人。我也不想再考虑关于孩子的问题。但在搬家前一周，我在一次商务晚宴上认识了一位男士，他勾起了我的兴趣。我们不间断地聊了两个小时。我们好像相识已久，这次不过是久别重逢。这次见面在我们两个人心中都留下了深刻的印记。我们决定保持联系。

　　搬家那天晚上，我刚拆完所有箱子，就收到了一条直击心脏、掀起内心波涛、让我小鹿乱撞的短信，是几天前和我在晚宴上热烈交谈的那位男士给我发来的。我们约定用 Skype^① 聊

①　Skype 是一款通信应用软件，可通过网际网络为电脑、平板电脑和移动设备提供与其他联网设备或传统电话 / 智能手机间进行视频通话和语音通话的服务。——译者注

天——在半夜。因而在新公寓的第一个夜晚，不仅属于我，也属于他。第二天早上，妈妈来接我去和家人一起吃复活节早午餐，虽然我前一天晚上几乎没有睡觉，但我仍旧颇有精神。下午时，我收到了下一条短信……

我昨天才搬进新家。独自一人。而现在，我正期待着访客的到来。复活节，一次重要的约会，为新的开始。我很激动，急促的呼吸将我的兴奋展露无遗。我的身体仿佛已经掌握了我尚未意料到的信息。因为我当时根本没有想到，我即将和我未来的丈夫度过我们的第一个夜晚，现在我们已经结婚 11 年多了，有两个共同的孩子，还有两个孙子。我的丈夫在第一次婚姻中的孩子们已经长大成人，并且已经为人父母了。如果我们当时都听从理智的指引，就不会有我们今天的爱情故事和爱情结晶，不会有情感方面的专业知识，也不会有来自佐斯特一家的书了。但我们对彼此的感情是如此强烈，我们无法想象没有对方的未来，于是决定携手走下去。爱情所释放的能量给我们力量，让我们能够克服双方为这段关系带来的挑战。我们从爱情中源源不断地汲取力量。我们的爱情之所以能战胜种种波折，直至今日仍旧稳固，是因为我们有勇气和信任担任爱情的基石。即使在艰难的情况下，我们也有勇气接近对方，即使是我们担忧畏惧的话题，我们也有勇气和对方谈起。彼此信任，相信我们总能找到办法解决一切难题，只要我们始终与对方保持联系，保持相爱。勇气和信任都并非源于思考，而是源于我们的情感世界。

仿佛有吸引力似的，我们互相吸引着。我们很感性。我们也表现出了自己的脆弱与敏感。没有情感的敏感无法正常运行，没有敏感的情感不可能存在。二者相互依存，缺一不可。

爱情可以产生完全不同的能量。在最初的热恋阶段，我们被对方迷得神魂颠倒，就像有千万只蝴蝶在肚中翩翩起舞，坠入爱河。我们渴望在情感和身体上都与对方亲密接触。我们想要，的确，我们想要触碰对方。理智思维已经退居二线。我们沉浸在自己的情绪中，在同一个波长上共鸣，彼此相会，灵魂相通。时光荏苒，不仅我们的性格和身体发生了变化，我们的爱情也发生了变化。激素的爱情鸡尾酒中的"娱乐因子"渐渐消退，取而代之的是不断增加的信任感。爱情中当然也会有困难时期。要想安然度过这段时期，我们就需要将爱情提升到另一个层次。而一旦有了孩子，我们就不得不发展出新的"我们意识"，并面对这样一个事实：当不被打扰的、清醒的两个人独处的空间所剩无几，爱和关怀被分配给其他家庭成员时，爱的感觉就会截然不同。不同到连性爱也失去了其原有的吸引力，因为我们太累了，一躺到床上就会立马睡着。但拥抱与爱抚总是可行的，在我看来，在保持"碰触"方面，拥抱与爱抚是更好的选择，我们不必因激情之夜低于平均水平而感到有压力。

我们被迫不断扩展爱的内涵——对自己的爱，对伴侣的爱，对孩子的爱，对父母的爱，对家人之外重要之人的爱，还有对自然的爱。不断进行这种改变是做人的重要因素。因为我们从爱中汲取力量，它为我们积蓄生命的能量。当我们陷入

> 爱是一个情感世界，它赋予人们与他人结合的可能性。

爱情，靠近对方，决定和对方一起生活，甚至可能一起组建家庭时，就会产生不可思议的力量。我们工作、布置房子，孩子生病时整夜守在她们床边，不停填写各种表格、申请、税务申报表，日复一日地扮演着多重角色，有时甚至是同时扮演着诸多角色。

促使我们面对所有这些挑战的，不是我们的理智思维，真正起作用的是我们内心的情感力量。如果我们必须用理智来管理调控生活中与人际关系和集体有关的一切，我们很有可能会失败，因为情感层面的我们比理性层面的我们更加灵活、柔软、机敏。如果我们失去了情感，就会失去最重要的力量源泉。当我们塑造自己的生活，担负起对自己和他人的责任或超越自己时，我们就可以从情感中汲取力量。

你畏惧情感吗

然而现在的事实却是，情感并不总被积极地看作力量源泉，因为人们对情感抱有一定的偏见。凡是在公开场合显露自己情感的人，都会被视为弱者。有些人甚至畏惧情感，尽管情感就像思想与经历、光明与黑暗、雨露与阳光、白昼与

黑夜一样平常。再强烈的情感，也同样稀松平常。但由于我们经常压抑、克制强烈的情感，我们缺少与之相处的经验。我们究竟为什么要压抑自己的情感呢？因为在某些情况下，这样的举措会保护我们的心灵。因为不必立即消化伴随着消极经历的情感对我们来说是一件好事。至关重要的是，我们是否意识到了这一点，以及我们如何长期面对情感。永久性地掩盖它们并不能改变事实，它们终究会一步步被我们消化、吸收、融合。如果我们不花时间构筑自己的情绪模式，把注意力放到我们应该关注的地方，我们就会被卡在原地。情绪系统不会让我们继续前进，除非我们终于准备好向自己的情感敞开心扉，了解自己的情感世界。进行情绪能量管理，也就是在"大扫除"中定期整理情绪感受，探究内心情感模式，清理旧的模式，注视情感壁橱的隐秘角落，会很有帮助，也很有疗效。如果我们轻易将以上流程判定为难以实现，羞于与自己和他人交流情感，我们就永远不能体验到，最黑暗的情感也能顺利度过是一种什么样的感觉（在绝大多数情况下，其前提为没有发生巨大灾难），而这种体验本身就是一种不可思议的解脱！

如果不这样做，我们就会对自己的情感产生越来越多的恐惧，同时也会畏惧他人的情感。如此一来，我们就会为情感所困，无法脱身。那么问题来了：我们到底在害怕什么？我们在害怕自己吗？还是说，我们感受到了情感的能量，却因不知如何引

没有成长的意愿和决心，就无法真正成长。

导、使用这种能量而不知所措？那我们就应该朝着正确的方向努力。

尽管种种论据都表明，有意识的情感是有益于我们的，但我们中的许多人都缺乏应对情感的信心。这很可能是因为，社会上一部分人认为，在他们面对自己的感情时，身边需要有一位"专业人士"才行。持有这种观点的人，其实可能一直不敢独自触碰自己的情感，除非有人来帮助他们。

在这一部分中，我想激励你重新发掘自己的情感，向你展示新的视角，消除你对自己的恐惧感，让你意识到自身情感的能量。因为如果不从充盈中汲取营养，不进入内心深处——必要时，也应进入苦痛中——我们就会停滞不前，与自己和生命失去连接。当我们真诚而严肃地看待我们对地球做出的种种行为，我们内心会涌起强烈的感觉，如果我们屏蔽了这些感觉，后果同样严重。假使人类得以永存，智慧地适应自己的情感世界，敏感地意识到真正重要的事，可能会有举足轻重的意义。

6

学会感受：为什么光有积极的思维还不够

近年来，有很多关于积极的思维如何让人们更快乐的文章和讨论。首先，积极的思维是个好主意，因为反复出现的想法和行为会影响大脑里的突触连接，强化神经通路。建设性地思考，有助于循序渐进地改变自己，进而通过积极的、有实践意义的思维模式来强化自己的认知能力。如果"心态"是正确的，就像从浩瀚的互联网和大部分商业网络社区听来的那样，成功就会不请自来。

我们所说的思维只是我们大脑诸多可能产物中的一小部分。我们只能反复思考那些我们已经知道和意识到的东西。但新的思想、新的心理冲动从何而来？我们身上发生了什么？我们的系统不问缘由就传入意识的思想又是怎么回事？我喜欢把这样的想法称作"心念"。我们的心念——你也可以称之

思想可以影响我们的情感。但我们的诸多想法究竟从何而来？

为"灵感"——可以激发更深层的、本能的情感世界，并可使我们从中得到启发。我们不会时时刻刻想着它，而是会在书桌上突然看到它。这些信念会激励我们进一步思考，因为我们想知道，我们的情绪能量中心向我们传递了什么信息。我们想了解它们，明晰它们的意义，找到解决方案。要做到这一点，我们需要思想和情感。只有当我们的思想与我们的情感力量相通时，我们才会采取实际行动。

我们的情感世界影响着我们的思维，无论我们是否有意识地思考，无论当下是何种情绪在积极地起作用——这就是我们所说的"感觉"。如果我们想影响自己的情绪，主宰自己的情绪，就必须意识到，要想全面实现这种想法，只能深入探究来自情绪系统的冲动。只有当我们的思想和情感需求最大限度处于和谐状态，我们身体不同部位相依相偎而非互相对抗时，我们才会真正地心满意足、泰然自若，并对生活充满信心。

但情况往往并非如此。很多人会出于自我成长的意图，把别人眼中正确的思想（或生活模式）强加给自己，哪怕这些思想（或生活模式）与自己的情感并不协调。当我们的情感世界中存在悬而未决的难题，同时我们又要求自己朝着积极的方向思考时，不和谐就会产生。这可能会导致我们迟早变得不平衡，因为情感和思想不协调。我们对自己说谎，结果是真正的愉悦时刻越来越少。神经心理学家瑞克·汉森表示，

> 情感是刺激我们思考、感受和行动的内在动力。

这种情况对我们的心理抵抗力（即所谓的心理抗压能力，它不仅仅能在危机中帮助我们）有很大影响。我们有意识地体会到的愉悦时刻越多，就会更有信心和力量度过人生中的困难阶段。

这不无道理。当我们无法与自己和谐相处，把更多的注意力放在生活的苦涩面时，我们就会开始怀疑自己和世界。那我们就无法相信，我们能够把自己所希望的、所关注的东西变成现实。我们虽然能感受到自己的潜能，却会在情感上质疑它，如此一来，我们就很少能按照自身想法塑造生活。我们只会在情感上认定的"可行"范围内使用自己的资源。怀疑是削弱创造力的可怕的大反派，它与扎根情感中的自信和真正的平静毫不相干。

真正能发挥作用的是我的内心世界愿意做、准备做，并且有良好预感的事，这一点我也很清楚。每当我感受着期望的方向，满怀信心地一步步追求目标时，事情就会变得圆满。这样一来，即便是出现怀疑的念头，也不会使我失去目标。它们反而激励了我的雄心壮志，鼓舞了我。帮助我认识到，信心不是靠凭空想象出来的，我必须要切实感受到信心。如此我便可以发挥自己的潜能，实现打从心底觉得重要的目标。如果没有情感的力量，我可能要花很长时间才能想明白，哪些事情是我力所能及的。要将想法付诸行动，我需要情感，也需要空间和时间来了解、探究并体验自己的情感。

人们无法凭空想象出信心，必须要切切实实感受到信心。

我们如何才能拥有安全感

"也就是要熟悉未知的东西，迎着风险去经历，不冒险就学不到新的东西。只有我们熟悉的事物才能给予我们安全感。倘若我们没有注意到自己的情感，没有意识到自己的需求，那我们就会始终处于无意识状态中。是故：我们要认识并熟悉自己的感受。"前经理兼教练金特·克尔施鲍姆迈尔（Günter Kerschbaummayr）如是说。他认为，认真严肃地对待情感世界绝对是有意义的，同时它是一种宝贵的方法，因为它能让我们免受旧情绪模式的困扰，进入未知领域。

当我们正视自己的情感，将其看作自身需求发出的信号时，我们才能真正对生活充满信心。我们不必畏惧情感，也不要妄想控制情感。而是要学会像读书一样读懂自己的情感。这是能够有理智、有情感、有行动力的前提。如果不把我们的情感世界融入现实生活中，那便只是在纸上谈兵。为什么我们会以为自己可以用思想主动控制情感世界呢？为什么我们要评判自己的情感，让情感服从于思想呢？显而易见的是，运用并有意识地将二者——情感和思想——结合，效果更佳。

相较情感来说，思想的优势在于，我们在思考时相对冷静。但思想蕴含的能量比情感少。必要时，我们可以把疑虑的念头都推到一边。然而，扎根于情感的疑虑依然顽固，它让我们前行的速度慢下来。思想能做出的改善微乎其微。整理自己的情绪，处理该处理的事情，才是唯一的出路。

的确，思考能帮助血液流向大脑皮层，也就是我们的思维中心、语言中心和加工中心。但思考产生的能量太少，无法真正推动事物前进发展。真正的改变更多来源于狂热的情感，而非联想。

对待感情又是怎样呢？我们真的可以对所有人都笑脸相迎吗？我们可以吐露内心的真情实感吗？还是让眼泪奔涌而出？而这往往说起来容易做起来难。请你扪心自问，你对以下问题的回答是什么？

▶ 我可以尽情展现内心的一切吗？

▶ 我应该隐藏自己的敏感和情绪吗？

我相信，很多人对第一个问题的回答是"不可以"，对第二个问题的回答则是"应该"。但如果把答案交换，我们就会显得更加敏感，也更加通人情。是的，你可以尽情展露内心的一切。请不要掩饰自己柔软的一面和强烈的情感。

当你学会正视自己的情感，不愉快的经历会让你变得更加坚强。允许情感存在并接受情感是很正常的，不然情感也不会根植于我们的天性中。这个过程会让你有更多的觉悟，从而推动你的个人发展。当你敢于直面生活的苦难时，就可以收获以下重要的本领：

▶ 以更好的心态迎接危机，并以更加强韧有力的姿态脱

练习：让情感和思想和谐相处

要想让自己的头脑和心灵成为一个强有力的团队，就应该反复让自己的情感和思想产生共鸣。有一个简单的练习可以帮助你：

▶ 锁定你的感受，并深入其中，找出其中使你心神激荡的部分。

▶ 用你的思想来反映你意识中的东西，冷静地制订明确的实施计划。

▶ 释放你的情感中的能量，坚定地靠近目标。

离危机。

▶ 将阻碍看作机遇，并从中收获成长。

顺带提一句，上述内容并不是要让大家摒弃情感，相反它在劝我们保持敏感，这样一来，当生活中的沟沟坎坎出现时，我们就不至于陷入混乱情绪中，也不至于陷入压抑。当你成功做到这一点时，你就真正变得强大了！

理解并体谅情感

在生活中遇到无法积极看待的事件之前，我们就得意识到，我们需要全方位的情感世界。将大众眼中的消极情感置

之不理或压抑心中是不健康的。不过，我们如何才能敞开心
扉面对（所有）情感，如何才能找到轻松对待情感的方式？
纵然科学家们倾向于分析消极和积极的情感，我更想和诸位
一起尝试一种不同的、全新的方法。归根结底，情感是好还
是坏，是令人愉悦还是让人不适，都不重要，重要的是找到
下列问题的答案：

　　我的情感想告诉我什么，或者说它对我产生了何种影响？

　　请你试着区分刺激和反应，不要过早随意评判自己的情
感。谨记：纵使情感有时可能使我们感到困扰，
但情感正是因为有意义，所以才存在。

越是敏感地感受生
活，从生活中收获
的就越多！

　　如果忽略了自己敏感的一面，或是从学术的
角度来诠释敏感，我们就很有可能只能感知到
现实世界的冰山一角。而后我们开始根据自己从别人那里吸
收的价值标准挑拣出不合规的部分情感（所谓不合规是指它
们无法融于积极思考与积极感受，因而会被我们剔除）。不
过事情并没有那么简单。抵抗自己的情感需要耗费极大的精
力，最终无异于自取灭亡。

　　你害怕恐惧感吗？恐惧是对敏感的沉重负荷。你如果拒
绝体会恐惧感，就会试图避开它。但这并不能减少恐惧感，
反而会助长它的火焰。我们一旦选择逃避恐惧，就等于在试
图抹去生命的两极性。我们假装生命万物本就没有循环和周
期，可就像我们的现实世界需要白天和黑夜，我们的情感世
界也需要光明和黑暗，它们相互依存。好消息是，就像我们

可以在黑夜中沉睡一样，我们也可以为低沉的情感找到合适的归宿。相信天空会随着新的一天而重新明亮起来，消灭黑夜是不理智的想法。没有黑暗就没有光明！如果不偶尔体会伤感，我们又要从何知晓幸福的滋味？如果不经历不知所措、无所事事的阶段，我们又如何能认识到自己的高效率以及朝着目标前进的坚定信心？

如果我们期望一切都是积极向上的，我们对生活的期待就会不断提高。我们会将某些情感评判视为令人不快的，不允许它们存在，并将它们与我们自己割裂开。我们把自己的部分经历和情感封闭在身体中的某一处密闭房间里。房间内被封

> 如果我们眼中令人不悦的情感的确是多余的，那它们就不会存在了。

禁的东西开始发酵，变成了黏稠并散发着恶臭的物质，并最终从房间中渗出。它因被忽略了多年而感到备受羞辱并怀恨在心，可谓相当毒辣。这时它已相当令人厌恶了。大量被压抑的情感信息和种种经历，突然为自己谋取了大量生存空间和能量，并且想要发泄出来，这种情况并不罕见。我们将它们压抑得越久，那些我们本不想体会的情感的势头就越猛烈，并在地下牢笼继续喧嚣沸腾。

精神病学及心身医学专家，医学博士克里斯蒂安·彼得·道格斯（Christian Peter Dogs）说："我们越是与之对抗，它就越强。"重要的是，开放怀抱，包容一切，无论是好的、光明的、快乐的，还是坏的、黑暗的、悲伤的。但在一个倾向于将不适的情感视为疾病的社会中，做到这一点并不容

易。尤其是在二十世纪五六十年代表现出强烈的、似乎脱离情感控制的人，被看作患上了癔症，并被强行送往精神病院，接受电击治疗。这种治疗就引发了大脑痉挛，它和癫痫一样，都会损害脑细胞，甚至可能导致记忆力下降。而这正是人们希望通过电击疗法取得的疗效。虽难以置信，但可悲的是，这就是事实，而且某些情况至今仍旧如此！在这样的背景下，与人类敏感相关的事物，诸如感觉、情绪等都不被允许存在于我们的人生信条中。但我们拥有随时改变自己的人生信条的自由，也有拥抱自己柔软一面的自由。

每当我允许自己细细体会情感时（即使它们来势汹汹，他人也难以承受），我就会更强韧地从情感中走出来——不会失去记忆，也不会破坏神经细胞。

被抑制的情感终将显现。

恰恰相反，我收获了知识、新的神经通路、更强大的内心力量、更稳固的人际关系、更丰富的经验，纵使情感像暴风雨中汹涌翻腾的海洋，我也能自己处理好。

顺带提一句，如果我们无视和压抑那些让我们不适的感觉太久，可能会导致另一种后果：因为我们不能选择性地屏蔽情感，慢慢地，我们能感受到的情感的多样性（Emodiversity）就越来越少，长此以往，我们就会患上抑郁症。如果我们的重要组成元素，例如情感，不能受到关注，它们将变得毫无用处。当我们平等对待所有元素时，我们的生活就会更加和谐地运转。各式各样的情感都需要存在的空间。即便它们看似失去控制，它们的种种形态也都有其意义。只是它们在那一刻的表现超出了我们当前的经验范围——我们称之为"情感舒适区"。我们如果能成功挖掘它们的意义，就可以释放出意想不到的能量，并学会建设性地运用我们的情感，有目的地调节情感。

情感的多样性：由混合所造

关于情感的多样性的新研究表明，在情感方面，我们也可以从良好的情感混合体中受益。科学家们早就明了，积极情感有益于健康，因为精神与免疫系统是紧密相连的。当我们感觉良好时，血压和心率就会下降，免疫能力也会随之增强。早在 2006 年，就有研究表明，好心情甚至可以预防感冒。"心情好"的人更不容易生病，寿命更长，更能承受住厄运的侵袭。而且他们血液中的致炎因子含量更低。过高的炎症指标会引发一系列慢性疾病，如 2 型糖尿病、骨质疏松症和心理健康问题。到目前为止，研究所证都很可靠，也很好理解。

如今科学又有了进一步发现，毫无疑问，在产生的积极作用方面，情感世界的多样性之于我们的身心健康，就像生物多样性之于生态系统。通过这种比较，"情感的多样性"一词应运而生。令人震惊的事实是：即使是被科学家定性为消极负面的情感，对我们的幸福感也有着重要意义。

因此，一个非常多元化的情感世界，正是在"好"与"坏"

的情感并存其中时，才能更好地保障健康。研究参与对象的情感世界越是互融互通，他们表现出的抑郁迹象就越少，即使其内容是关于悲伤、恐惧或耻辱的。

此外，事实证明，相较于单调乏味的消极情感生活，大量形形色色的负面情感更有助于改善心理状态！所以，相比在悲伤中掺杂着抗拒、愤怒、不满和时不时的一点恐惧，始终沉浸在纯粹的悲伤中对心灵的伤害更大。简而言之，相比那些情感的多样性不太丰富的人而言，拥有"积极"和"消极"混合情感的人在过去的 11 年中少看了一次医生，少住了一次医院，少吃了一些药。研究人员在前段时间还发现，能够感受到情感的不同，并描述其不同之处的人，心理会更加稳定。研究人员解释道：那些认识到自己"消极"情感——悲伤、愤怒或恐惧等——背后具体隐藏着什么的人，更能知道自己可以做些什么来改善自己的处境。

我还想补充一点：在认识到情感背后隐藏的东西之前，我们首先要允许它存在，接受它，并能够吸收领会它。这就又回到了敏感的话题上！

请你进入自己的情感世界，连同与情感世界相伴的一切。请你始终谨记：如果你通过抹杀自己柔软的一面来使自己变得坚强，这种坚强是经不起考验的。因此，请你保持温和柔软，这才是真正的强

> 你不能轻易将任何一种情感说成是渺小或微不足道的。我们依靠简单、美好、奇妙的情感过活。每一种被我们不公正对待的情感，都是一颗被我们夺走光芒的星星。
> ——赫尔曼·黑塞

> 你无法阻止海浪，但你能学会驾驭海浪。
> ——约瑟夫·戈尔茨坦（Joseph Goldstein）

韧。如果现在你想要的不仅仅是自己眼中浅薄的幸福，我建议你拥抱自己的情感，有意识地训练并扩展自己对情感世界的认知。

7

认识情感：情感从何而来，如何运作

可以确定的是：大多数人都相信，自己可以用思维控制自己的情感。我们现在终于明白，这几乎是不可能的，其后果甚至会对我们造成危害。因为我们的情感很复杂，且总是很活跃；也因为进入我们意识的东西和我们所说的情绪，只是我们体内情感能量的小小一部分，只有在我们有意识地吸收领会自己的情感之后，才能开始讨论它们，命名它们。我们所说的头脑，主要负责评判并思索深层情感世界所发生的种种。如果你想弄清情感和思维的关系，不妨问问我们的大脑。之后你自然就会明白，我们为什么要把思考和情感看作一个强大的团队，而不是将二者分裂，让它们对抗竞争：理性思考和语言都发生在大脑皮层，它们远离能量中心，即边缘系统。在大脑皮层，我们可以把周围的刺激简化，以便将其放

我们无法屏蔽情感，但我们可以倾听情感，接收情感世界传递的信息。

入我们的意识中，再用文字将之表达出来。

　　当我们休息，不说话也不活跃地思考时，大脑占用的体能资源比思考和学习时要少。我常常能亲身体会这种感觉。当我撰写这样一本书时，有时我会进入一个美妙且流畅的写作进程中。不过在写作中的绝大部分时间，我会经历一个思考、分析、交流的过程，不断与自己和读者进行内心的交流。我也会主持谈话，以说明事实内容并拓宽我的知识面。在高强度地工作，把书的另一部分整理出来后，我会比平时更快感到饥饿。我的身体需要能量。

　　谈到"思考"，还有一处令人激动不已的细节要注意：情绪高涨时，大脑皮层会暂时停止运作。然后你会有几秒钟无法清晰地思考，直到你的情感系统重新平静下来，重新将能量归还给大脑皮层。你可能很熟悉这种情况，比如你在讨论中受到了质疑，甚至遭到言语攻击时，起初你并不知道该如何回击，因为你的情绪暂时掌握了控制权，你无法组织任何合理的想法。之后你才会想起来，如果你当时反应灵敏，可以说些什么。患有重度考试焦虑症的人也经历过这种情况，他们明明已经掌握了所有知识，可一参与考试，焦虑便随之而来，脑袋中储存着的知识却怎么也想不起来。为了更加冷静地应对这种情况，不妨先探究自己的情感世界。

　　在大脑的能量中心，即边缘系统中，存在杏仁核（Amygdala），也就是所谓的杏仁体。我们的经历就是在此

学习和思考时，大脑会消耗巨大的体能。

处被吸收处理的，因此我们的人生信条和基于人生信条产生的行为冲动也在这里扎根。你还记得第二部分的人生信条练习吗？你应该对人生信条有了清晰的认识，它与我们的想法关联不大，而更侧重于我们的经历如何塑造生活，以及由此形成的信念、反应模式和行为方式。当我们谈论人生信条并深入研究人生信条时，实际上我们是在探究自己的情感。你肯定会一次又一次地下定决心，在某些情况下做出与先前不同的反应，但你却一次又一次地落入同样的陷阱。也难怪，"过去的"行为是由情感驱动的。当你给予自己空间，去感受之前的人生信条背后隐藏着的事物，清除陈旧的经验、失望、伤害、偏见或恐惧时，改变自然会发生。如果你能做到这一点，新的情感价值基础就能轻轻松松地为你所用，你的行为也会发生持久改变。然后，甚至不用你刻意去想，新的反应就能自动"运作"。

大多数决定我们举止和行为的冲动都是在没有刻意思考的情况下产生的，它们由我们的大脑控制。但所有的冲动，甚至是我们的呼吸和心跳的冲动，都会受情绪影响，由情绪改变，被情绪压制。例如惊恐发作（Panikattacken），恐惧感在这时占领主导地位，对心跳产生巨大影响。

这意味着，无论我们是否意识到，情绪都会产生影响。最初看似具有威胁的东西，却也有美妙非凡、极具建设性的另一面：情感赋予了我们力量，让我们能够追求并实现或大或小的目标。情感是纯粹的能量。

情感的能量

　　我要举一个具体的例子来说明情感冲动的力量。清晨，你躺在床上，闹钟已经响过了。你还想在床上再躺一会儿——你确实也这样做了，尽管你心里很清楚，你现在必须起床了。你的目光落在闹钟上。啊，太可怕了，现在已经比你预想的晚了半个小时了，孩子们还要上学呢！现在你的情绪已经脱离控制了，在你意识到之前，你已经起床了！

　　又如在类似的场景中，你醒来后想："现在我要起床了……"但你没有行动起来，只是仍旧躺着。你又躺了一会儿，为那一缕阳光轻抚着脸庞而高兴，忽然觉得今天特别有干劲，特别想要解决前方等待着自己的伟大项目。喜悦与决心在心中蔓延，你已经从床上起来了。这就是情感冲动的力量！

> 情感是纯粹的能量。

　　我始终是一个坚决保持感性的人。但这种做法使我常常无法掌控身体的主导权。不过我宁可让情绪引导我，也不要引导我的情绪。当我的丈夫和一位商业伙伴深入分析并研究情感这个话题时，我起初感到惊讶、困惑，我非常不赞成他们的想法。同时，我从他们（身为企业家、自由职业者和情感教育医生）的不同经验中受益良多。这背后的原因是什么？在我们的教育体系中，很少有能让人们有意识地、轻松地处理情绪的方法。为

> 如果想要获得真正的自由，就需要训练自己与情感世界进行互动，这样我们才能对自己的价值观做出新的判断。
> ——斯特凡·佐斯特

陪伴大家建立情感信心，我的丈夫和他的团队探索出了一种方法。许多人都会压抑或逃避自己的情感，同时很少有人会有勇气去深入了解自己的情感模式，刨根究底地探究它。然而，如果我们想从情感中汲取生命能量，这恰恰是最重要的。

不仅我的丈夫在情感方面从他的工作中获益，通过与丈夫的不断交流，通过对他的工作的深入了解，也通过情感实践者的受训经历，我也在很多方面变得更加稳定，更加可靠。过去，我几乎无法确定自己的界限。如今，我通过主动地、自动地获取情感能量，能够更加贴近自己。这也是我想跟诸位分享我丈夫所说的话的原因。

"我们人类只有在情感世界内才能获得真正的自由。但很多人的情感能量却被切断了，他们不知道自己的系统在源源不断地制造情绪，从而影响自己的情感。或许你可能有过无法控制情感，被情感冲昏头脑的经历，看起来像是失去了控制。但如果你开始有意识地训练自己与情感世界的联系，慢慢地，你就能更有意识地做出反应。而后就请你引导情绪，而不是被情绪引导。我在很多培训中都有同样的体会，人们总是会先通过理智地思考走一些弯路，然后才能接触到自己的情感世界。所以，对于如何不依靠心理指导有意识地获取情感力量，描绘出自己的感受，我们迫切需要重新学习。"

着手学习这一点是非常有意义的。我们可以像训练肌肉一样，对大脑进行全方位的训练。这也是我们应该做的。因为大脑的作用不仅仅是思考。思想、情感和身体反应紧密相

练习：感知情感

如果想感知你现在内心的种种，请你先停下脚步。深呼吸几下，想象自己正以旁观者的角度观察自己。

身体有何表现

你注意到了什么？一切都还好吗？你觉得热还是冷？你觉得自己胸口发紧吗？有刺痛感或压迫感吗？你在痉挛吗？如果是，是哪个部位在痉挛？你的眼里有泪水吗？泪水能让你感到解脱吗？你的腹部有异样感吗？你的胃不舒服吗？你起鸡皮疙瘩了吗？喉咙发紧吗？还是会打冷战？

你感觉如何

你感觉好吗？你感到喜悦和满足，还是感到忧虑？你对自己感到羞愧吗？你伤心吗？惊讶吗？还是保持高度戒备和防御姿态？绝望？震惊？疲惫？无力？非常专注？聚精会神？冷静疏离？专注当下？你在生气吗？也许你是决绝的，甚至是恼怒的，或许你感到内心空虚……观察自己内心的情况，熟悉自己的情绪吧。

你正在想什么

请注意你脑海中闪过了哪些念头，你捕捉到了哪些心念、内心的冲动和灵感。

如果你愿意，可以把所有想到的内容都写下来。这样你就能走出理性思维的无限循环，真正认识到自己的感受。当你写下对以上问题的思考时，你与自己内心的对话便开始了，你能从对话中收获新的视角，身体的感觉、情感和思想都将被置于新的视角下。记录自己与内心的对话可以帮助你将自己的感受表达出来，使你准备好向他人倾诉自己的感受。通过这个练习，你可以训练自己学会如何表达情感。

练习：调节情感

你越是熟悉自己的情感，就越不会被它侵袭或对它感到惊讶。不过，有些根深蒂固的情感模式仍旧会对身体产生影响。此时你需要秉持的基本原则是，将情感世界敞开。要知道，所有感情冲动都有其目的。不妨把你的情感看作一种指示，它提醒你应该把注意力放在何处。请你保持对自己的好奇心，利用好奇的力量，获得看待情感世界的新视角。如果你在过程中感受到了强烈的情绪，可以用以下几种趣味方法来调节：

▶ 运用呼吸让自己平静下来。吸气，让不安定的情绪随着每次呼气而消退。呼吸的时候，你可以想象有一个调节器，能让你控制情绪上升或下降。

▶ 请你注意，你是在身体的哪一个部位感受到了强烈的情绪，然后将情绪转移到身体的另一个部位。或是在大脑中创造一个盒子，将情绪挪到盒子中。之后你就能放松地喘口气，以旁观者的角度深入观察，解读情绪传达的信息。这一点为何能实现呢？因为我们保持着开放的态度和充沛的兴趣，愿意完成重新引导情绪的任务。自然而然地，我们关注的重点就转到了好奇上，而好奇恰恰是我们内心的基本情感力量之一。

连。热恋时的悸动；尴尬时涨红了脸；兴奋时手掌冒汗，膝盖颤动；收到系统警报或感到害怕时会打个冷战；当被温柔地触摸时，灵光一现时，或感到寒冷时，会起鸡皮疙瘩；感到无比愉悦时，会有一阵热流蔓延全身——这些都是我们的身体与我们的情感和思想紧密相连的例子。

因此，如果我们长久不关注自己的情感，也不想读懂其中蕴含的信息，背痛、偏头痛、失眠或胃病等病痛得以暗暗滋生，也就不足为奇了。感知并调节情感的能力有助于提高生活质量。前两页的练习将帮助你找到通往自己的情感的道路。如果你当下很稳定，对自己也有信心，那就没有什么能够阻挡你前行的步伐了。如果你没有安全感，希望有人能够陪伴你，就请你满足自己的愿望，请一位亲人朋友来陪伴自己。我会一直鼓励你，希望你能敞开心扉面对自己的情感世界。我衷心地祝愿你找到自信，去尝试一下，把情感的力量从暗处带到阳光之下吧！

以新的情感模式取代旧的情感模式

你是否总是在某些特定的情况下达到临界点，并任由身体和情感掌握了控制权？这是很正常的。对此你感到恼火，想用新的情感模式取代不再适合自己的旧的情感模式，这也很正常。重要的是，不要执着于给自己过多的压力，一次又一次地侵犯自己的舒适区。这会耗费你大量的精力。请不要反抗自己和自己的需求，而要以你觉得舒服的速度在自己的情感世界中旅行。这能让你意识到情感世界中的阻滞在哪里。只有知道何时在何处有淤堵，情感上发生了什么，你才能收获新的视野。重要的是：不要将不适合自己的东西强加给自己，也不要轻信"外面"的世界。想一想，替换掉陈旧的情绪模式后，你期待自己会对此做出何种反应。对你来说，何谓协调？你想在协调中感受到什么？接下来我们谈谈"渴望拥有新的行为方式"。在思想和情感上反复演练你将来可能对新的行为方式做出的反应。你通过这种方式抛下了第一个锚，并逐渐在刺激和反应间设立了缓冲。不妨休息一下，思索新的思想和情绪。要有耐心，要想在大脑中建立起新的模式和新的"道路"，还需要再进行一些练习。届时你会发现，你的行为方式越来越符合你的期望。此外，陈旧的模式并不会立刻消失，而是会逐渐隐去。如果它再次袭来，你很快就会注意到它，于是你可以按下暂停键，有意识地选择新的模式。

你越是熟悉自己的情感，越是与自己的情感力量接触，就越能成功摆脱你暂时不愿面对的强烈情绪。可能当下你心中没有多余的空间留给它，也可能你想过一段时间再处理它。起初我觉得这并不可行，但事实上情感训练就像是学习"十指打字法"（盲打），只要我们练习的时间足够长，身体自然就会自动运行。

我们需要情感

路易丝·普吕斯纳（Luise Prüßner）是海德堡大学心理

学研究所的一名研究员，她主要研究"情绪调节"（Emotionsregulation）。她曾就情感的益处表示，我们的情感主要帮助我们应对日常生活中的诸多难题和挑战，它为我们提供不同的情境下应采取的适当行为举止。情感总是陪伴着我们，将我们的注意力引向我们所需的信号上，帮助我们在生活中找到出路。如果人们调用的情感适应当下的情境，那么多元化、多样化的情感世界绝对是益处良多的。

　　但如果人们的情绪并不稳定，也并不适合眼下的情况，局势就变得严峻起来了。例如恐高和焦虑通常会使我们更加警觉，心跳加快，肌肉紧张，瞳孔放大。这预示我们已经做好了战斗或逃跑的准备。情感系统会激活我们的身体，当危险威胁到我们时，我们就能及时保障自己的安全。

> 我们可以自由决定，是将情感看作威胁或干扰，还是花时间去了解情感背后隐藏的信息。

这是非常有意义的。但恐惧感如果有了自己的意识，在日常生活中突然侵袭我们，使我们感到恐慌，那它就失去其意义了，因为从表面看来，这种恐惧来得毫无缘由。

　　我们的系统只是想告诉我们一些事情，但它对其具体内容也不甚清楚。如果我们因某种情绪总是显得不适宜，而在日常生活中压缩它的空间，那它日后终将再度显现，并且是在它起不到任何作用的情况下。这里的问题也关乎我们如何看待情绪。假设此种情绪是恐惧，我们是否会觉得自己是过敏体质或患有某种疾病？我们是否会花时间弄清楚恐惧想告诉我们的信息？

七种基本情绪

保罗·艾克曼（Paul Ekman）是旧金山加利福尼亚大学的心理学名誉教授，我的丈夫受艾克曼的研究成果启发，与克里斯托夫·泰勒（Christoph Theile）共同研究出描述七种基本情绪的情绪圆圈（Circle of Emotions）[①]。基本情绪也被称为原始情绪。所有人都有这七种情绪：悲伤、恐惧、愤怒、快乐、惊讶、轻蔑和厌恶，它们是其他所有情绪的基础。

当你看到这七种情绪的具体内容时，你可能会对其中某一种情绪感到疑惑，甚至会产生戒备心。毕竟，当所了解或训练的情绪是轻蔑或厌恶时，还有谁会说自己想更了解自己的情绪，甚至是练习它呢？不过，这种词义上的冲突，只要稍加指示就能很快解决了。

要知道，以上七个词语都是专业术语，其含义与我们在白话中理解的基本情绪不同。

基本情绪的专业术语选择，在某些情况下，源于一种情绪的极端表达。想象一下，对每一种情绪来说，都有一个类似调音台上的滑块，我们可以将滑块从底部移动到顶部，也就是将情绪从静止状态调到活跃状态，再从活跃状态调到极限状态。以快乐为例的话，就比较容易理解。而轻蔑一词，则表达了所指情感的极端状态。在极端状态下的轻蔑很容易

---

① 情绪圆圈由克里斯托夫·泰勒与斯特凡·佐斯特共同研发。

使人们感到恼怒，因为尤其是在极端情况下，情绪往往会占据主导地位，这会让人感到非常不适。那我们要如何处理对描述极端情绪的词汇的反感呢？我们可以将心中的情绪滑块向下调节。因为在平衡状态下的轻蔑情绪只是帮我们保持本真，专注于自己。但如果我们将轻蔑情绪放大，我们就会对别人表现得冷冰冰的，甚至对别人吹毛求疵。我们"轻蔑"地看待别人的一切言论，堪比一台"人形冰箱"。这种情绪状态非常不利于人际关系发展。这也是我们常常在口语中将轻蔑一词与消极事物联系在一起的原因，尽管没有任何一种情绪只有消极的一面。

所谓基本情感究竟是什么呢？要想对我们的情绪敞开心扉，接受它们，并将它们视为能量源泉，我们需要两样东西——情感经历以及理性反思。下面，我会为大家介绍一下七种基本情绪。为了帮助你更好地理解它们，请记住以下两点：

> 有意识的情感表现在未来是一种关键能力。

▶ 我们大体上都具备体验到不同强度和不同表现形式的情绪的能力，请你在此过程中想象调音台上的滑块。

▶ 每一种基本情绪都有其宝贵的功能和目标，因而总有其存在的意义。

悲 伤

悲伤使我们独立，将我们与事物、问题或其他人分隔开。

如果缺少悲伤，我们就会变得疑神疑鬼。如果悲伤到了极致，我们就对死亡不再怀有畏惧之心。悲伤帮助我们解脱，将我们引向自由的情绪。在情绪圆圈中，蓝色代表悲伤。

恐　惧

当感到恐惧时，我们就会提高警惕，密切监测周围环境。当我们缺乏恐惧感时，我们就会表现得轻率大意，而当我们过度恐惧时，我们就会草木皆兵。恐惧的作用在于让我们保持警惕之心，为我们带来安全感。在情绪圆圈中，红色代表恐惧。

愤　怒

愤怒恰恰是我们在绩效型社会中所需的情绪。因为愤怒让我们能够坚定果断地处理待解决的事务。如果缺少愤怒感，我们行事时就会小心翼翼，犹豫不决。在极度愤怒时，我们会气愤到发狂。愤怒使我们加倍努力，让我们能够积极地、充满能量地追求自己的目标。在情绪圆圈中，橙色代表愤怒。

快　乐

当感到快乐时，我们就会觉得幸福，拥有去爱的能力。如果缺乏快乐，我们就会变得焦躁不安。但如果过度快乐，我们就会陷入眩晕迷醉中。快乐使我们感到心满意足。当我们完全沉浸在快乐中时，我们的生活也会变得安详平和。在情绪圆圈中，绿色代表快乐。

惊 讶

惊讶意味着我们对某些东西感兴趣，对他人、话题或变化持开放态度。如果对任何事都不感到惊讶，我们就会止步不前，满足于现状。但如果我们处于极度惊讶的状态中，我们又会变得狂热激进。好奇之心随着惊讶之情而来。我们会发现新的事物，能够创造并不断发展自己的人生观。在情绪圆圈中，黄色代表惊讶。

轻 蔑

轻蔑使我们自信，确保我们能够站在自己的立场上，承担起对自己的责任，明确对我们真正重要的事情。轻蔑太少，我们就会缺少安全感。轻蔑太多，我们就会变成人形冰箱。轻蔑让我们具备评价种种经历和事实的能力。轻蔑帮助我们塑造自己。在情绪圆圈中，冷灰色代表轻蔑。

厌 恶

厌恶赋予我们免疫力，使我们能够保护好自己。如果我们缺乏厌恶感，就会变得脆弱。如果我们对某事极度厌恶，就会变得歇斯底里。厌恶帮助我们奋起反抗，也帮助我们维护健康。在情绪圆圈中，棕色代表厌恶。

基本情绪并不能完整描绘出我们的情感世界。但顾名思义，基本情绪是我们更好地了解情绪世界的基础。羞愧、厌烦、后悔、气愤、惊恐、好奇、自信、热情、高兴、平静、烦恼、仇恨、失望、爱、抗拒等许多情绪都是由基本情绪组成的，所以这些情绪被称为复合情绪。任何一种混合的情绪形态都可存在，都是我们的一部分。我们丰富多彩的情感竟然只能用七个词语来表达，也许你会对此感到恼怒。其他情绪模式甚至将基本情绪限制在五种。对此，真正重要的是，

测试：七种基本情绪

七种情绪分别是：悲伤（A）、恐惧（B）、愤怒（C）、快乐（D）、惊讶（E）、轻蔑（F）和厌恶（G）。请将七种情绪分别与下面的描述相匹配，并将对应情绪的字母写在相应的数字前。你可以在附录中的问卷、启发和练习清单中找到答案。

1. 我终于知道该怎么办了！立马继续工作！我马上就做！

2. 我本来很期待的，但它现在被取消了。太可惜了……

3. 圣诞节，空气中弥漫着香气，树下放着蜡烛和礼物——你还记得小时候的感觉吗？！树下是什么礼物呢？

4. 屋子里总有叽叽喳喳声！到底是从哪里传来的声音？我得四处看看！

5. 够了！我再也受不了了！

6. 那真是太好了！我又哭又笑的。

7. 我完全清楚什么是好的，什么对我来说是重要的。我不会让自己没有安全感。

我们不要将所提到的术语当作定义来理解，而是要去感受它们。用我们敏感的一面去探究它们，让情感的力量能够如它所愿地舒展，而非站在我们的对立面。如果我们能倾听意识中的情感冲动，并与它们好好相处，情感就会成为我们生活中坚强有力的支柱。

我和丈夫共同编写了一份情绪测试（见前文），你可以通过这份测试看看自己是否已经对基本情绪及其术语有了自己独到的体会，并能从理性思考转到感性体会中。因为我们能使用的媒介只有书本，没有音乐，没有影片，我也不能与你面对面交谈，所以测试成了唯一的沟通手段。这份情绪测试描绘了七种情境，每个情境都体现了一种基本情绪。

你将在测试中学习如何熟悉并训练自己的基本情绪。这很难通过单纯的思考做到。因为在你开始阅读测试之前，你的情绪系统已经活跃起来了。你的情绪会比思想反应得更快。你如果想进一步扩展测试内容，还可以观察自己在阅读或交谈时的感受。你越是熟悉基本情绪，就越容易协调它们。

我们再来总结一下情感能量的组成。长久以来，我们以为可以用思想控制自己的感受。现在越来越多的科学研究证明，我们所谓的感受不过是情感世界的一部分，即到达我们意识中的那一部分。情感力量则蕴藏在更深层的情感中，它们才是我们真正的动力，情感产生的速度比思想快得多，它是最纯粹的能量——不论我们能否意识到它。因此，我们很有必要仔细研究情感能量的来源。研究人员发现，全世界的

练习：探究情感之旅

在进行情绪测试或阅读情境描述时，是否有某一种基本情绪尤其能引发你的复合情绪？如果是，就请你仔细观察这种情绪。不妨深入探究一下该基本情绪：

▶ 对你来说，这种基本情绪会让你产生哪种念头呢？

▶ 你的脑海中浮现出了何种情境？

▶ 这种情绪让你有何感受？

▶ 你身体的哪个部位引起了你的注意？

祝愿你在情感世界的探究之旅收获许多有趣的认识！

人都会表现出同样的基本情绪：悲伤、恐惧、愤怒、快乐、惊讶、轻蔑和厌恶。通过熟悉自己的情绪，我们能够训练自己的情感力量，而后可以从内心的财富中获得的益处也越来越多。

8

力量：情感自信如何成就未来

　　将我们的智力放在教育中心位置，并训练我们的认知能力，这当然不是原则性错误。错就错在，我们没有将情感世界纳入其中，于是我们便失去了对自己情感力量的部分认识。人们面临诸多挑战，所以对情感的认识具有重要意义和作用。现在我们又有机会有意识地将清晰的认知与我们的情感力量结合起来了，这同时也是我们的义务。从神经科学的角度来看，人们或许会说，我们是时候利用大脑各个层面的不同能力，将它们与身体的智慧联结起来了。也许这甚至是开启人类进化的一步，而其基础则是综合情感、心态、自觉调整人生信条和良好的自我照顾。

　　自信且成熟地处理我们的敏感和情绪，是我们重新接近自己和他人、感知危险和风险、接受亲密关系和组建家庭的前提。趋势研究员表示，情感归属越来越重要，新的"部落"和价值共同体正在形成。因此，我们应为孩子们提供真实、有价值的情感工具，让孩子们更好地面对未来。因为在智能手机上快速打出一个表情符号，而不知道我们通过这个表情符号在传递什么信息，是远远不够的。表情符号大获成功的原因显而易见。情绪很难用数字化的方式来传达，看不见或摸不着的情绪让沟通根本无法持续进行。然而，网络交流取代人与人之间的真正沟通的情况越演越烈。恐怕已经没有人能够阻止这种趋势了，而这种趋势让我越来越不舒服。这可能听起来很老套，但我认为，尽可能地限制网络交流，回归面对面的沟通，绝对是有必要的。社会学家兼作家哈特穆特·罗萨（Hartmut Rosa）也曾表达过对网络交流的担忧。早在 2016 年接受《世界报》的采访时，他就将屏幕形容为共鸣杀手，因为屏幕将我们与世界阻隔开，让尘世间的人际关系发展变得艰难。哈特穆特·罗萨认为，问题在于社交媒体展现在我们眼前的，恰恰也是许多人无比渴望的人与人之间的亲密无间，仅仅是假象。

面对面交谈时，我们可以看到对方，也可以感受到对方。语气、表情、姿势和谈话对象的活力都向我们传达了言语之外的信息。当我们面对面（彼此间或许还能有肢体接触）时，会有一种直率的感觉，而我们之间隔着屏幕时，这种感觉就消失不见了。屏幕阻碍了舒适惬意的身体接触——长长地拥抱，轻柔地抚摸手臂或搭在肩膀上的手掌。确实有一些人能够从字里行间读懂或感知额外信息，但这绝不是所有人都能做到的。

情感力量如何促进民主

在情感、身体和精神层面，我们面临着越来越多的环境刺激。近年来在西方社会，我们主要运用源于理性思维的那一套解决方案来应对我们日益增长的压力。不论是过去还是现在，我们敏感的感知力和感受力都被视为麻烦制造者，必须被控制、被驯服。其后果是，我们将失败、落空、分离或死亡等生命中重要的存在性主题排除在外，也放弃了学习自信地处理这些主题的机会。

如果你真的想与人交往——不论是与自己还是与他人，你必须允许自己将情绪表现出来。即便是在工作中，哪怕是在情绪激烈到让我们流泪的时候。凡是在工作中或其他任何情况下长期压抑情绪的人，都会生病，并失去

> 眼泪不是软弱，只是一种强烈的情绪表达。
> ——克里斯托夫·泰勒

动力。眼泪为新事物创造了空间。空间内隐藏着何种情绪并不重要，因为我们不仅会在非常悲伤时流泪，也会在满怀爱意、愤怒时，或被恐惧冲昏头脑时流泪。每当某种情绪变得极其强烈时，我们就会流泪。

一般来说，关系越亲密，我们就越容易在这段关系中受到伤害。这一点同样适用于职场中同事之间的关系。人们在职场中也必须有意愿和能力与他人进行情感碰撞。情感的交锋是激烈的，要求人们具备抽身而出的能力。有时

候，这意味着我们必须先经历悲痛，才能放下或原谅某些事。比如说，当某个项目运作不佳时，是索性一举放弃它，还是，即使当本想独自负责的项目被委托给同事时，仍旧继续为之共同努力呢。悲伤是一种重要的情绪，悲伤过后，事情才能有建设性地继续下去。只有做到了这一点，我们才能再次发散思维，敢于尝试新事物，携手迈出有力的步伐。如果没有悲伤情绪，大家就会静悄悄地和自己或他人打起架来。

允许自己悲伤，意味着，我们承认自己受到了肉体或情感上的伤害。只有意识到伤口的存在时，我们才能开始放下伤痛、沮丧或未实现的期望。人们不得不在感情中不断放手。放下曾经伤害过我们的东西，这是宽恕的基础。而宽恕是让伤痛愈合的基础。如果没有宽恕的能量，就无法拥有健康的关系。一个人越是敏感，越是能共情，就越要学会与他人保持距离。否则就有可能掉进共情的陷阱，觉得自己对万物众生都有责任。了解自己的情感世界将变得越来越重要，因为世界变化得越来越快，督促着我们去探究它——无论是气候变化、各种环境问题、数字化，还是我们的教育体系、文化融合。所以，我们需要让自己在情感方面变得更加强大，专注于真正重要的事情。

在我们的国家，我们不仅想生活，而且想感到被理解，尤其是被政治家和其他身居要职的人理解，希望他们平易近人，认真对待我们的诉求。只要他们民主地、实事求是地回应人们所恐惧的东西，就能帮助大家驱散内心的恐惧感。而那些负责驱散恐惧的人，必须做好心理准备，他们心中可能会升起对民主自由的质疑。

民主在情感上的失败在很大程度上导致了许多国家的右翼倾向、分裂主义和民族主义。这清楚地说明了，为什么有必要维护情绪卫生，并敏感地应对发展——无论我们指的是个人还是整个社会体制。认为自己能够抑制情感的时代即将结束。我们越压抑自己的情感，就越会变得混乱。这就是当前局势的消极方面。但我们也可以从积极的角度来看待它。我们现在手中就握着一次改造自己和社会的良机。我们的任务是找到一种新的情绪应对方式——融合情绪，而非否定情绪。我们需要迈出下一步，将认知的力量与情感的力量结合起来。

> 许多国家的政治激进化象征着民主在情感上的失败。

感性地学习和工作

当人们越来越注重利益，越来越忽视周围的人以及人际和谐，情绪就会在某一刻突然崩塌。情绪系统岌岌可危，就像如今许多欧洲国家一样。我们争夺着力量，却不一定能找到我们所作所为的意义。相反，我们渴望相互尊重、团结友爱、良好关系和亲近。也许这就是我们越来越被大自然吸引的原因，因为我们在大自然中更能接近自己的天性。

最迟从千禧一代占领职场起，有一个现象非常明显：没有人愿意接受自我牺牲、冲突和持续性压力了——无论是在校园里还是在职场中。要应对高负荷的工作和不断变化的职场环境，我们不仅需要冷静的头脑，更需要高情商和硬实力。然而，压力会阻碍我们的情绪运作，对所有人来说都是如此。

> 企业必须要预见情感作为人类最重要的驱动力的作用，才能将不羁的情感能量转化为生产力量。
> ——《情感的胜利》

这意味着，我们在压力之下能感受到的激情变少了。失去激情就失去了理想。而没有理想就无法积极地塑造未来。激情是基础情绪惊讶的一部分，它唤醒了我们对话题、项目、人与目标的兴趣。尤其是在当下的社会中，在一切都变化得越来越快，人们不得不寻找长久的解决方案时，我们比以往任何时候都更需要来自惊讶的纯粹能量以保持对新事物的开放心态，进一步自我发展。

而惊讶毕竟只是我们整个情感世界里七种基本情绪之一。所以，一个有建设性的、充满力量的口号应该是：拒绝压力，拥抱情感。这既是为了新的学习与新的工作，也是为了更好的未来。

敏感与情感是创造的源泉

如果心中有理想，我们就可以想象期望达到的目标，并从中汲取巨大的力量。一个符合我们自身价值和需求的理想，就是纯粹的快乐。而快乐，则是创造力的前提条件。快乐使我们高度关注那些即将成为现实的事物，而后灵感便可以源源不断地喷涌而出。没有情感的创造力又是怎样的呢？ 如果约翰·沃尔夫冈·冯·歌德（Johann Wolfgang von Goethe）、阿斯特丽德·林格伦（Astrid Lindgren）、莱纳·玛利亚·里尔克（Rainer Maria Rilke）、弗吉尼亚·伍尔夫（Virginia Woolf）和赫尔曼·黑塞不曾与他们的情感世界建立良好的联系，他们还会取得举世瞩目的成就吗？

这当然不只适用于词人、作家和诗人！还适用于所有唱歌、做音乐、绘画、制图、做木工活儿、设计、撰稿、主持、拍摄照片或视频、编织，以及从事建筑、舞蹈、雕塑、束花、

> 情感需要改变，它要求当下的状态做出改变。
> ——《情感的胜利》

园艺和其他所有创造性工作的人们。他们用自己独特的表达方式丰富了这个世界，表达出了他们对这个世界的体会或愿景。他们用他们的创造力，也就是用他们的情感力量鼓舞世界做出改变！创造力需要敏感。

布里奇斯与申丹（Bridges & Schendan）于2019年发表的研究文章表明，能做到开放接纳，与世界产生共鸣的人才会产生情感。经济学家帕特里斯·维尔施在其个人博客上发表了自己更进一步的想法。他指出，充分信任自己的感知，坦然接受我们不知从何而来的想法、愿景和画面，有着重要的意义。而这需要大量的好奇心，再加上一点儿精神层面的理解力，还有一滴宝贵的第六感，我们在与人交往时，也需要依靠情感力量帮助我们与人交流，并处理周围人的反应。敏感、情感和创造力，所有这些都是无比强大的力量，需要我们发展进步并做好承担高度责任的准备。你准备好了吗？

紧密相连：如何保持健康的关系

那是一个周日的早晨。在那天早晨之前，我已经很久没有去过教堂了。那天是和我的小女儿一起。她真的很想去教堂做礼拜，我便满足了她的愿望。她上的是一所基督教学校，现在她比我更了解圣经。她知道今天是圣枝主日（Palmsonntag）^①。这是基督教的一个重要日子。圣枝主日是为了纪念耶稣荣进耶路撒冷，和一个特别星期的开始——圣周结束之时，便是耶稣复活之日。

不知为何，小女儿自己将圣枝主日定为最重要的一天。我不禁因这种孩子气的热忱而微笑，这种热忱让眼前的事情成为世界上最重要的事情。我也被这种热情感染了，尽管我早就想坐在办公桌前工作了。于是我偏离了原定的周日写作计划，与小女儿更亲密了，并得到了一份珍贵的礼物。如果没有这份礼物，就不会有这个正轻盈地从我指尖流淌的故事。那是一次美妙的礼拜。我们一起唱圣歌，我告诉女儿如何在赞美诗集中找到歌曲与诗篇，并告诉她，可以提前将书签放入相应的位置。其间，她一直依偎在我身旁。我很喜欢这样美好的时刻，她可爱的小脑袋靠在我身上，小小的身体找寻着依靠。

牧师的布道治愈了我。在代祷《垂怜经》（*Kyrie Eleison*）时，一如往常，我的眼中噙满了泪水，一阵酥麻感流遍全

---

① 圣枝主日，也称棕枝主日，因耶稣在这一周被出卖、审判，最后被处十字架死刑，也称基督苦难主日。——译者注

身，直冲头顶。虽然我始终对教会的宗教信仰持怀疑态度，但我仍旧被感动了。这并不是第一次。每当我在生活中再次向信仰和灵性张开怀抱时，我常常会很感动，所有疑虑突然就消失了。

礼拜结束后，我与牧师和另一位教友聊天。他的女儿曾问他："爸爸，这个世界是从哪里来的呀？"当时，我们这些成年人思考着这个问题，被迫意识到，其实我们都无法很好地回答这个问题。有太多不同的理论可以应用到这个问题上。但哪一个是正确的？我们可以用哪一个来回答孩子们，并对他们说："宝贝，这就是答案。"当我们迷茫地站在原地，思考答案时，我的小女儿正在走廊里来来回回地奔跑着。成年人总是有很多话要讲！是的，我们确实有很多需要交流的内容。我们互相交谈，并彼此帮助，以度过余生。聊一聊天，共同经历一些事情也是不错的，不要总是一个人被自己的思想或情感禁锢住。带着问题与疑惑，也带着烦恼和困难，依靠创造力和热情，与他人紧密联系、交流，是一件美好的事情。

当我正享受着与牧师和"陌生人"（其实也不算陌生人，他是我们的一位邻居）的惊喜相遇时，两只小手突然抓住了我，用力一拽，我差点失去了平衡。于是我意识到，是时候结束这次谈话，重新投入我与女儿的亲密关系中了。今早，女儿用她的热忱和对生活的热情给了我太多的爱，吹散了我近几天来的疲惫。我们骑上自行车，迎着四月清新凉爽的风回家。我非常感谢这个美丽而疗愈的星期天。也非常感谢计划之外的美好经历——与女儿的亲密和与其他人的共鸣。

这个故事集合了所有让我们生活变得丰富的精彩时刻——相遇、交谈、感动与团结。它们滋养着我们，使我们保持健康。

霍尔特-伦斯塔德（Holt-Lunstad）、史密斯（Smith）和莱顿（Layton）曾在2010年探讨过我们的社会关系对寿命有何影响。他们总结了众多研究结果，得出了一个明确的结论：拥有牢固的社会关系、深层的人际关系的人比社会关系较弱的人更有可能（其可能性高出了50%）享受健康和长寿的人生。另一个结论是：相比吸烟或运动，我们在社会环境中的情感强烈程度对我们的健康造成的影响更大。

充分了解以上结论后，我们就会发现：一方面，维护好人际关系的确意义重大；另一方面，我们必须要能感受到自己的参与感，也要能感受到自己正处于良好的关系中。我们的敏感又开始敲门了。我们是否能感觉到自己融入集体，很大程度上取决于我们对开启新关系的接受程度，以及我们能否经营好和谐的关系。如果我们强硬地将自己封闭起来，不允许自己敏感，不允许自己探究情

> 在我们所生活的社会中，越来越多的人觉得，我们面对着的世界沉默而又冷漠。其后果是个人甚至集体的倦怠。
> ——哈特穆特·罗萨

感，我们就无法获得这些天赐之礼。我们不仅被剥夺了众乐的权利，还被剥夺了独乐的权利，甚至在最糟糕的情况下，连健康都被剥夺了。社会学家哈特穆特·罗萨认为，作为社会中的一员，我们需要与周围人——家人、朋友以及同事——建立活跃的联系。我们要重新学会让自己的灵魂与肉体被打动，而不仅仅是与"外部世界"进行表面的、数字化的接触。

> 人通过"你"而成为"我"。
> ——马丁·布伯
> （Martin Buber）

　　我向你讲述的礼拜故事，发生在我写作的过程中，那时我确信自己没有时间参加任何计划外的活动，同时也正为我的材料苦恼。我们要做的事情比我们能做的事情多——这一点无人不知。尤其在写作时，人们更需要一个不受打扰的空间。尽管如此，我还是尽可能地利用了那天上午的时间，换来了与女儿的奇妙邂逅，以及群体中治愈的启发，它们都是无比宝贵的经历。

相遇——为何关切之情如此重要

　　闹铃声、交通噪音、废气、警笛、提示音、打印机噪音、电脑的排风扇，手机显示屏、堆满信件的电子邮箱、截止日期、工作任务、新的网络合作伙伴、报税单、家庭规划、购物清单、邮件、广告、短信、电话、WhatsApp（瓦次艾普）信息、Facebook 或 Instagram 的帖子……整整一天，我们的身心系统被大量的刺激和信息淹没，我们需要吸收并处理的信息太多了。

通过社交媒体，我们与越来越多的人接触，但同时也失去了越来越多与最亲近的人深入接触的时间，与亲近之人的接触是真诚且有益的。充满信任的相遇和防范危机的联系对每个人的生存都至关重要，但这需要时间，也需要准备好谈论一些不愉快、略显无趣的话题。

尽管以上种种都非常重要，但人们却很少能学到如何与自己和他人在更深处相遇。这就是很多人在与他人交往的过程中感到不安的原因，尤其是当气氛变得不太融洽时。因为他们真的不知道，究竟是对方心情不好，还是事态确实比较严重，也因为他们可能不敢坦诚地说出自己的苦衷，以免被当作弱者对待。这就越加频繁地导致人们在最需要真诚的陪伴与关心的情况下，往往只能听到很多肤浅的、未经思考的建议，很难体会到温暖人心的安全感。这或许是因为他们不敢要求太多，也可能是他们不确定能期望对方给予多少陪伴、多少感情——对方能接受多深的层次？对方感觉如何？他本就如此吗，还是他在欺骗我？我可以展现真实的自己吗？我如何才能最妥善地处理弱点和问题？缺乏社会情感经验让很多处在困境中的人倾向于与他人保持距离，尽管在困境中靠近自己和他人才是正确的选择，能得到真正的收获。倾吐自己的烦恼，分享让你感动的事情，不仅仅能让他人更了解你，还能让你

我们低估了良好对话的魔力。

更了解自己，并对自己或某种处境有更清晰的认识。真诚坦率是对话的前提，脱离群体便无法获得彼此交流中产生的见解——无论是对你来说，还是对群体中的交谈对象来说。

启发：为什么良好的谈话价值千金？

请你花时间进行真正的人与人之间的交流，不是通过 WhatsApp 或 Skype，而是面对面地交流。对话时要有勇气敞开心扉，展现自己真正的风采。你能从交谈中了解更多关于自己和交谈对象的信息，你可以期待获得新的认知和见解，但如果没有此次谈话，你就无法获得这些。很多在你看来难以解决的问题，可能会被你的同伴在片刻间破解。谈话和相遇加深了你和珍视之人之间的关系。你与对方都能在群体中获得新的想法。你从中汲取力量，收获治愈的启发。

我们越来越不习惯在逆境中应对自己或他人的情感。我们害怕做错事吗？我们被自己的情绪反应弄得不知所措吗？还是担心自己无法再应付紧张忙碌的日常生活？

心理学家兼记者苏珊·平克（Susan Pinker）曾做过关于《村落效应》（*Village Effect*）的报道。她想知道，为什么有的人能活到 100 岁以上，而有的人却不行，为什么意大利撒丁岛（Sardinien）上的百岁老人是意大利本土的 6 倍，是北美洲的 10 倍。她在考察中发现，撒丁岛上的居民都非常重视良好的、亲密的个人关系，他们经常与人交流——以面对面的方式，中间没有屏幕阻挡。虽然不是每个人都非得活到100岁。但问题是，何种程度的社交孤立不仅会成为我们身体健康的主要风险因素，还会引发我们生活中许多其他问题？

平克报道称，1/3的西方人表示，他们真正可以信赖的良好关系只有两段，甚至更少。比亲密关系更重要的是一个人的社会融合程度：撒丁岛的百岁老人生活在家人、朋友和邻居周围。他们每天都有访客要接待，和谐地融入了社区，不会被迫待在养老院或逼仄的公寓内孤立无援，无法常常与家人联系。我们每天与人（包括我们身边的人）交际的频率，与我们的幸福和健康息息相关。这并不包括社交媒体上的接触，而单指面对面的接触。真正的社交会释放神经递质，减少压力与痛苦，增强信心，激发快乐。微笑、握手或击掌都有助于幸福激素催产素（Oxytocin）的产生，并能降低压力激素皮质醇（Cortisol）水平。此外，多巴胺的释放则能减少痛感，让我们有些飘飘欲仙。

哈佛大学的两项研究也证实了平克的发现，这两项研究陪伴600多人走过了超过75年的人生道路，并在这些年里多次进行回访。实际上，研究结果清楚地表明，在拥有幸福长寿的人生方面，存在一个重要因素，负责部分研究的罗伯特·瓦丁格（Robert Waldinger）将其总结为："良好的人际关系使我们更快乐、更健康。"因此，事关人际关系的质量，而非其数量。虽然在一段良好的关系中，我们依旧是脆弱的，但每当我们分享自己内心所感时，仍然会感到安全可靠。在一段良好的关系中，我们可以完全放松，展现出真正的自己，也可以欣赏对方的本色。

享受友情

其实在我写第一本书时，我觉得把自己的私人关系放到一边，腾出时间专心写作比较好。我还记得那段时间有多难挨，我也记得，当初的所作所为对我，尤其是对我的家人来说，有多么糟糕。我当时能抓住的唯一一棵救命稻草是为我提供写作素材而与我通电话的人们，他们为我讲述自己的故事，让我能够用到写作中。如果没有这个社交支柱，我就会像失去水的报春花一样枯竭而死。我的信念帮到了我，我相信，当我结束写作，重新回归原来的社交生活后，我的朋友们仍然是我的朋友。写这本书时，我特意改变了先前的作风。就在我动身去丹麦写作前不久，我的老朋友尤利娅给我打来了电话。我们在学生时代就认识了，以姐妹相称，我们还是彼此孩子的干妈。总而言之，我们已经认识了快 30 年了，一起经历了不少事情。她问我，是否愿意和她一起去汉堡的易北爱乐厅，时间就在我旅行开始的前一天晚上。理由是有人送了她两张门票，但我们好友圈中与我同名的那位朋友因病而不能同去。虽然我觉得，这对我来说可能是个挑战，毕竟第二天就得动身赶往丹麦了，我必须保存好体力，但我还是同意了。

晚上，该来的终究来了。我站在镜子前，看着自己泛着血丝的双眼，心想：我很期待见到尤利娅，但如果现在就能收拾行李或美美地睡一觉，还是很不错的。内心的破坏者已经觉醒。

　　糟糕的是，我们要听的是当代音乐——菲利普·埃尔桑（Philippe Hersant）的《哀怨集》（Tristia）。一部合唱团和管弦乐团合作的作品，于2016年首次演出。我之前听过一些当代音乐，都不太喜欢。尽管心里一团乱麻，充满各种"小剧场"，但我还是说服自己前往音乐会——为了友谊。而我也被赋予了诸多馈赠：第一次和尤利娅一起到易北爱乐厅；狂妄而又迷人的音乐厅；出乎意料深刻的、实验性的音乐，其中的和谐声音比预期中的更多。合唱团不断变换排位，舞动着唱完了整场。歌声与演奏声在音乐厅大礼堂的各层楼座中响起。

　　我被深深地触动了，不止一次起了鸡皮疙瘩。

> 质量比数量更重要，这也适用于我们的人际关系。

我越发感到愉悦和兴奋，也越发享受我所信赖的朋友的陪伴。我本担心第二天会很累，到达丹麦时可能会压力满满，但实际情况恰恰相反，前一天的能量、交谈和音乐让我感到欢欣鼓舞。我已经感受到了共处和音乐释放的所有力量。

启发：找到真正的朋友

　　与朋友一起度过这样一个美妙的夜晚是生命馈赠的

礼物。但是，如果我所描述的这种友谊暂未出现在你的生活中，或已经从你的生活消失了，你又该采取何种措施呢？如何才能认识与自己合得来的人？我觉得其中重要的一点是：去找寻自己。找到对你重要的东西，洞悉你的需求和人生信条，了解你的情绪，做能给你带来快乐的事情，去那些让你感到愉悦的地方，参加你感兴趣的课程。同时，也请你永远展现自己最真实的样子。如果你需要整理内心的情绪，那就清理一下吧。请不要把自己的难题强加于别人身上（有时难以做到，因为我们往往意识不到发生了什么），而是自己解决它。如果你有可以倾诉的对象，最好在他们的帮助下共同攻克难关。

不是所有推动你前进、给予你帮助的人都必须或能够成为你的朋友。有时，与陌生人的一次对话，或他们随口一句话，会为我们带来巨大的改变；有时则是老师、医生、教练、治疗室、导师或书中的一句话。但不是所有人都会永远留在我们的生活中，有的人只是我们生活中的匆匆过客。留下的人则会成为我们珍贵的"一辈子的朋友"和最爱的人。请你始终真诚、坦率，将心扉敞开。在认识陌生人时，我喜欢关注自己内心的冲动。如果一切都很顺畅，有说不完的话，并且双方因为有太多想聊的内容而同时开口，便是个好兆头。一个给你力量的拥抱涌来，让你感受到自己被接纳了，或许你们已有很长一段时间没联系，却还是能像从前一样，而不会责怪对方许久不

与你联络。请记住最后一点：保持开放接纳的态度！因
为人们需要彼此。

生活在集体中

人们彼此需要——不仅仅是朋友间。而这种社会情怀
（Gemeinschaftsgefühl）究竟从何而来？我在一位丹麦朋友
雅内的生日派对上有过一次全新的体验，后来我还和她聊起
了这个话题。因为当时我在派对上所经历的，正是丹麦人的幸
福法门。派对上充溢着"Hygge"①，典型的丹麦式舒适感、大
量的自然景观、美丽的设计、美味的食物，当然也有许多俱乐
部。丹麦人比德国人更爱国，除非在世界杯期间，否则很少有
德国人会在私人空间悬挂德国国旗。相反，国旗在整个斯堪的
纳维亚半岛都随处可见，这一点我从小就知道。丹麦人有时甚
至会把国旗悬挂在圣诞树上。我曾在一个小教堂里见过一棵用
一串挪威国旗装饰的圣诞树，我永远都不会忘记这棵树。

提起民族意识时，不必立刻想到激进主义和黑暗的过去。
共同的人生信条、共同的历史、共同的文化，所有这些也能
朝着积极的方向建立联系，构筑安全和保障。正如我在雅内
的生日派对上所经历的那样，她邀请了来自丹麦各个地方的
女士参加她的 50 岁生日会，她们都是她的家人和朋友。当时
的气氛热烈而开放。雅内介绍各位宾客彼此相互认识。我会

① Hygge 是丹麦语和挪威语中的一个词，指的是一种安逸、舒适、愉悦的
心情。

说一些挪威语，但不太会说丹麦语。不过，因为语言的相似性，或许也因为我的基因——我的外曾祖父是丹麦人，所以我能听懂一些丹麦语。派对上的食物非常可口。之后发生的事情让我深深陶醉了。很多人在唱歌！大家都知道这些歌！于是所有人都大声地唱了起来！我坐在那里，深受感动。为什么不论老少所有人都知道这些歌，都会唱这些歌？为什么所有人都如此投入，满怀感情？后来再次与雅内见面时，她给我介绍了私立成人教育机构"høyskole"[不要将它与德国的业余大学（Volkshochschule）混淆起来]，年轻人既能够在这里学习丹麦文化，生活在集体当中，也可以在开始职场生活前追求自己的兴趣爱好。许多成年人还在丹麦的业余大学里上课。这与分数和成绩无关，而关乎自由和休闲。høyskole 是丹麦式生活的一部分，它在整个丹麦编织了一张精美的网，将人们通过共同的体验、歌曲和开胃菜串联在一起。我在雅内的生日派对上感受到了这张网，它让我深受感动。我很荣幸能够参加这次派对，也很荣幸能被他们的社会情怀所鼓舞。而在德国，我从未体验过如此无忧无虑、快乐、轻松的社会情怀……

成功的合作

我们想如何工作？我们看重什么？职场正在发生变化。

除了和许多同事一起坐在开放式办公室里工作的人，也有一些人厌倦了眼前的工作，想谋划新的出路——往往是成为自由职业者。还有人选择换个完全不同的工作环境。我们先来看看开放式办公室。挨在一起工作的员工越多，同事间的沟通就越坎坷。瑞典科学家对 300 名员工进行调查后发现：共同在开阔而开放的空间中工作让人感觉很不舒服，这不仅降低了工作效率，也让员工变得不善于沟通。有趣的是，许多员工仍认为开放式办公室是理想的办公环境，他们希望可以在办公室里自然而然地、更好地了解对方，交流知识和信息。这种愿望是可以理解的，因为我们人类需要良好的人际关系，就像我们需要呼吸空气一样。尤其是在工作中，因为我们在工作中度过了大量时间。那我们该怎么做呢？

我认为现在是时候搞清楚，我们究竟需要什么样的工作空间了。我们一方面可以在这里专心工作；另一方面可以碰面、合作、交流，以及建立并且维护关系。我们要考虑到，每个人的敏感性都是不同的，不是每个人都能在同样的条件下工作。数字化职场为我们提供了很多新的想法：办公室的大空间内应有隔间和隐蔽角落，为员工提供安全感、隐私感和耳边的清净。同时，也有人认为员工不再需要单独的办公桌，可以直接在空闲的位置坐下。这对雇主来说可能是有利的，因为他不必提供多余无用的空间。但如果员工每天坐在不同的地方，就很难与他人保持联系并建立良好的关系。对于性格比较内向的年轻员工来说，进入没有固定座位的开放式办公室颇具挑战性。当然办公室中肯定有信息系统可供使用。但它始终无法取代人类。这种工作形式会带来怎样的结果？肯定不是在良好的、充满信任的关系中合作，而是冷淡、孤独、迷茫和不够稳定的健康状态。总而言之，我们的世界越来越灵活，一成不变的事物越来越少。在我看来，我们的职场正在从一个极端（僵化、等级森严），向另一个极端（人们迷失了方向，将自己与外界隔得更远，被迫更加拼命地工作）倾倒。这条路即将通往孤独和疲倦。人们在现代职场中不得不花费大量的精力去建立、维护人际关系。在家办公的自由职业者也是如此。在白天的工作时间里，只有邮递员会来敲门。这

> 敏感使团队的效率显著提高。

些变化可能对企业的经济或创新有好处，但是否也考虑到了人们的需求还值得商榷。我们的目标应该是创造一个良好的工作环境，让大家能够一起努力完成工作任务。

匹兹堡卡内基梅隆大学的安妮塔·威廉姆斯·伍利（Anita Williams Woolley）与她领导的美国研究人员在一项大型研究中发现，团队成员的社会敏感性对工作成果的影响比智力造成的影响更大。感受并处理同组成员情绪的能力越是显著，团队的效率越高，越能成功。相比由一个人主导的小组，所有成员都能平等发言的小组往往更容易解决问题。此外，女性占比较高的团队表现出了较高的集体智慧。研究人员将此归结于女性社会综合能力更为突出。

牢固的纽带——关系与治疗有何关系

"无论是好是坏、富裕或贫穷……"我和丈夫已经结婚近
12 年，我大致明白了这些婚礼誓词的意思。我觉得，那些即
便没有结婚，但依然非常亲密，并希望保持这种亲密状态的
伴侣，也能明白这些誓词的意思。遇到一起幸福生活的亲密
爱人，是一件莫大的幸事。许多人都渴望着一段牢固可靠的
关系。渴望一座能够停泊的港口，拥抱爱与安全感。而我们
却常常忘记，即便在港湾停泊，也会遭遇狂风暴雨、冰雹和
电闪雷鸣。因为我们与另一个人贴得越紧，就越容易受到伤
害，因为我们给予对方触碰我们的权利——无论是情感上，
还是身体上。所以，许下誓言时，我们就要准备好面对彼此
脆弱的一面。

当我们让对方亲近自己时，我们会一起经历许多美好的、
滋润的时刻。但我们也无一例外会掀开彼此过去的情感伤
疤，或为彼此增添新伤口。在绝大多数情况下，我们并非有
意为之，只是露出自己在那一刻最真实的样子——所有的优
点和缺点，一览无余。我们如何处理这些被掀开的旧伤疤或
新伤口，如何将它们分类，就显得至关重要。我们要为伴侣
贴上恶人的标签，将过去不好的经历投射到他身上吗？还是
听从我们内心的感觉，追寻情感背后隐藏的信息？

为了从不同角度看待这种情况，我们可以问自己：

▶ 我的感受里包含了什么信息？

▶ 到底是什么伤害了我？

▶ 伤口背后隐藏着什么？

▶ 我的伴侣与此有什么关系？

▶ 这件事值得我继续为它烦恼吗？

▶ 我可以原谅对方吗？我愿意原谅对方吗？为此我还需
要什么？

　　稳固而亲密的关系不仅为我们带来了美好的时刻，也带来
了艰难的时刻。不追求表面的平静无忧，而是将一段亲密关系
看作磕磕绊绊的过程，就能以良好的心态迎接冲突和争执。

　　如果有人将自己看作"玛丽苏女主角"，想用亲吻化解
每一场矛盾，抱歉，我得让你失望了。同时，我已经在学习
如何处理冲突了，但这仍旧不是我的强项。但我还是想和你
分享一件事：我和丈夫每跨越一次低谷，每度过一段艰难时
期，我就越发明白，"巅峰"之外的沟壑对我们来说有多么
重要。每当我们经历低谷，我们就会清理一些关系中的障
碍，并将我们的关系提升到一个新的层次。每当我们放下心
中执念，就会得到一种新的能量。

　　要想稳固我们之间的关系，并一次又一次地治愈（自
己），只需要5样东西：

▶ 相互尊重，相互欣赏

▶ 成长的意愿

▶ 坦然面对自己和自己的情感

▶ 真诚的沟通

▶ 肢体接触、彼此靠近、亲密

我和丈夫都有着强烈的共同构建生活、维护爱情的愿望和决心。尽管有时我们之间的物理距离会远到让我们无法忍受。但我们从未想过投入别人的怀抱。无论我们相隔多远，当我们敢于（第一次总是很胆怯，之后就会驾轻就熟）说出让彼此感动的话——不论多肉麻，再加上一些身体接触，坚冰就会被打破。拥抱、亲吻，温柔地抚摸手臂、脖子、肩膀或臀部，通常对我有奇效，尤其是当温存之夜变得稀少，或疲惫感一再占据了夜晚时（忙碌的父母知道我在说什么）。

我们携手度过的日日夜夜中，也曾有过苦涩的时候，我们曾认为我们之间的爱情已经消磨殆尽了。但恰恰是这些时刻触发了新的开始。我们噙着泪水相拥，有时很勉强，有时又极度渴望。身体上的接触与情感上的亲近，来自互不妥协但互相共情且欣赏的沟通，它造就了新的亲密关系。通向那里的路往往布满了情感的荆棘林。但如果彼此的心门紧锁，穿过荆棘的划痕与受的心伤相比，又算得了什么。人总是会变化，会成长。两人之间的关系当然也会随之发生变化。要想接受这种变化，就得放下对彼此的陈旧印象，宽恕互相造成的伤害。通过这种方式，我们重新向对方敞开心扉，不断发现自己新的一面。这个过程有时很漫长，有时却出奇的简单快速。

稳固的关系为我们带来了挑战，迫使我们理清棱角分明的情感和行为方式。如果你想和你的伴侣朝着一个方向努力，想要维系并进一步发展你们的关系，坦然展现自己的脆弱，那你现在就握有一次很好的机会，可以抛开陈旧的、让你备受压力的模式，一起不断探索二人世界中的新鲜事物。

亲密与独立

正如人们或多或少都有些脆弱，人们也多多少少有些敏感。如果我们从人际关系的角度来看待敏感，很快就能发现，不论是亲密和靠近，还是独立和距离，都起着重要的作用。我们感知并吸收得越多，就需要越多独处的时间。而敏感度较低的人则有完全不同的需求。对他们来说，亲密可能比独立更重要，这样他们才能感受到自己与伴侣间的联系。

心理学家瑞克·汉森同样主张，在亲密关系中保持独立是绝对必要的事情。保持独立并自己做决定，其实会让彼此更亲密。因为边界——不仅是我们为对方设定的界限，也包括对方为我们设定的界限——被彼此接受时，我们才更容易敞开心扉。

> 知道自己是谁，明白自己的立场，才能很好地对待别人的愿望。
> ——瑞克·汉森

对我而言，独立和距离已经成了真正的力量源泉。15 年以来，我一直生活在以合住室友为生活中心的关系中。从那

时起，我就开始享受自己的休息时间，独自一人前往遥远的
地方。以前休假都是为了休闲放松，但现在我也喜欢继续推
进项目。

这些在大自然中的"独处时间"让我更有力量，也给予
我处理内心情感的空间。这不仅对我个人有好处，也有益于
我的亲密关系。每当我再次回到家里，就又会对现在的一
切感到心满意足。我清楚地知道，我能够和想要为我的家
庭——我、我的丈夫和我的孩子们——带来什么。

童年——我们如何敏感地陪伴孩子

我们的情感中包含了众多信息，它们为我们将重要的与
不重要的东西区分开，教会我们认识自己，也帮助我们认识
到，什么有益于我们，以及我们在憧憬着什么。当我们读懂
情感背后隐藏的信息，就能明白自己的需求和让我们快乐的
东西。那么我们就知道，在生活中应该着重关注什么，应该
为什么而努力。情感向我们揭示了我们所追求的东西和所寻
求的经历。

因此，教会孩子欣赏自己的敏感和情感，不仅是重要的，
也是必要的。尤其在如今，因为万物变化的速度就像一辆高
速行驶的一级方程式赛车，它在社会的各个层级飞驰，将我
们的生活、世界、气候、生态系统和经济搅得天翻地覆。

　　我们曾在冰岛某个农场待了一周，度假、骑马，我的孩子们在那一周里收获了许多新的体验。她们非常喜欢那里，巴不得多留几个星期。我的大女儿在装饰小马比赛中获胜了，她为此感到非常自豪。我也为她的成功而高兴，因为我知道，她在为这场比赛做准备时有多么紧张，多么努力。只是，我的小家伙也经历了真正的离别之痛，大滴眼泪不住地顺着脸颊滚落，她大声地呜咽着。我没有对她说不必哭泣，而是把她抱在怀里，等她哭完。因为情感很重要，因为情感优先，因为情感将我们的需求告知于我们。孩子的需求很明确：多到大自然中去，与动物接触——最好是马。这并不意味着要满足孩子们的所有愿望，而是要让他们多多经历，在情感上变得强大。

　　为了使孩子们在情感上强大起来，也必须允许孩子们——无论男孩，还是女孩——偶尔脆弱。而且也必须允许孩子们哭泣、大笑、生气。因为他们就是这样了解到情感的来龙去脉的。因为这样一来，他们的情感就会变得强韧。因为只有亲身体验到自己的情绪，他们才能知道自己什么时候感觉良好，什么时候感到不适，我们作为家长应该帮助他们意识到自己的情感，并为每一种情感找到对应的名字。这样孩子们才能知道，如何在感到疲惫和压力时继续坚持下去，或者让他们意识到，本就不必感到备受压力，以及什么时候应该停下来休息。因为孩子们从小就应该学会如何处理自己的问题——无论顺境还是逆境。总而言之，对情感表示欢迎并谈论情感，有奇效。

创造自由空间

为了让情感有发展的空间，家庭中需要自由的时间。孩子需要与父母相处的时间，父母也需要和孩子相处的时间。此处的时间是指有质量的时间。在这段时间里人们可以真诚坦率地相遇。在这个空间里人们可以对话，可以真正地拥抱、傻笑，甚至表现得有些"针锋相对"。所有这一切，都是为了变得强大。

除了互相陪伴的时间，大家也需要有各自独处的时间，与家人之外的重要之人相聚的时间，玩耍的时间，出门体验自然的时间，无聊发呆的时间，学习与自己和他人相处的时间，以及吸收一天发生的所有新事物的时间。我们在社会中的进退维谷从幼儿园就开始了。一旦孩子们选择往回退，一人独处，很快就会出现问题。重点在于，我们的教育体系已经关注到了这一点，并有意识地教育孩子融入社会。这很好，但前提是每个孩子都有权利选择自己的节奏。

> 大脑研究表明，纯粹的、无目的的游戏能为大脑提供最佳连接。
> ——格拉德·许特
> （Gerald Hüther）

有的孩子节奏快，有的节奏慢。有的孩子需要的休息时间比较少，有的孩子比较多。

在我的大女儿还小时，我们并没有很多为人父母的经验，但在照顾二女儿时，我们就可以参考与大女儿相处的经验。如今我们才意识到：大女儿原本需要更多独处的时间。但她并没有得到这些，尤其是在幼儿园里时。这不仅是对她的挑战，也是对我们家长的挑战。因为我们要应对孩子所表现出来的种种行为，但我们往往无从下手。这也不奇怪。我们忙着处理自己的事情，也是最近才了解到敏感和情感的不同表现，了解到二者如何影响着生活的方方面面，以及如何以最佳方式应对它们。

> 独处并不意味着离群索居，与世界和其他人断绝联系，而只是将注意力放到了自己的内心。
> ——斯特凡·佐斯特

在照顾小女儿时，我们坚持与老师沟通，确保孩子有足够的独处时间。而且我们鼓励女儿，在她觉得"太吵"的时候告诉老师，不是由我们和老师商量，而是她自己与老师沟通。这样一来，我们就给予了年幼的她感知自己的需求并照顾好自己的能力。如今我仍旧能感受到两个女孩之

> 抽身并不意味着与世界和他人分离，它只是意味着某人将注意力转向内部。
> ——斯特凡·佐斯特

间的不同。大女儿成长得很顺利，她的自信心也在一天天增强。我们现在在将童年时未曾给她的东西补"交"给她。但自信地表达情感，坦然地诉说自己的需求，对大女儿来说却不是一件轻松的事，而小女儿总是可以轻松做到。

当我们和孩子们在一起，让她们尽情展现自己时，就会出现一个空间，在这个空间里，孩子们的自我意识（Selbstbewusstsein）、自信心（Selbstsicherheit）和自我效能（Selbstwirksamkeit）得以成长与发展。孩子们的成长需要我们的亲近。正如知觉心理学家马丁·格伦瓦尔德所说，在幼年时，身体接触甚至是人体良好发育的基本前提。如果没有足够

练习：通过孩子的眼睛

站在孩子的立场上观察自己，你看到了什么？问自己以下问题：

▶ 孩子能从我身上学到什么？

▶ 孩子最好不要在我这里学到什么？

▶ 有什么是我想给予自己和世界上所有孩子们的？

的触摸，神经元以及一些人体细胞就无法生长。

因此，让我们保持接触——与自己和我们的孩子。如果我们时常以孩子的视角看世界，也许会有帮助。

敏感地陪伴孩子，意味着与孩子保持接触——以所有形式。孩子是他们成长时所处世界的一面镜子。我们不妨来看看这面镜子！它为我们展现了自然的平衡和正确的尺度。为了能够将孩子们所需的东西都提供给他们，我们必须从自己做起，不断提醒自己：

我们是敏感的、社会性的情感生物。

情感将我们紧密相连，而亲密相依将治愈我们。

展望：更加认识新世界

敏感与情感需要我们投入的精力与思考一样多。不仅要追求所谓的进步，探索新事物，还要收藏好前人留下的知识，并将它与我们的经历、情感冲动、心念和内在智慧相结合。

我们现在要做的是：建立新的平衡，保持开放，接收外界刺激，倾听自己的感受，并注意我们身体的信号。我们的内心深处发生了什么？我们的天线对外界发生的事情产生了什么反应？只有先追踪并处理好这两个问题，我们才能扩展意识，并寻找新的途径和解决方案。整个社会至今都没有做好准备，但变革已然全面展开，随处可见。这就解释了为什么制度失灵、人生信条摇摆不定、社会层面的情绪失控频频发生，比如激进的团体或野心勃勃的政客的所作所为。

我们需要情绪的能量帮助我们积极行动，做出改变。所有人，尤其是身居高位、肩负责任与权力的人，更需要敞开

> 释放出来的情绪不应被视为须被遏制的威胁，而应被看作一次机会。人们可以通过这次机会学习处理情绪的新方式。
>
> ——《情感的胜利》

心扉，而不是在做任何事情之前都一遍遍深入地研究报告，分析和评估风险。据研究人员预测，2050 年的气候可能会比如今的气候形势更加严峻，并威胁到更多人的生命安全，我们迫切地需要采取行动。未来十年可能将决定人类是否还有未来可言。

停止压迫自己吧。让我们重新开始感知自己。如此便可免于被陈旧的思想与模式所迷惑。重拾我们的情感，将意识敞开，获得新的、迫切的、富含信息的冲动。我们不仅要从外部寻找解决方法，也要从自己的内心寻找答案。如果每个人都能好好地照顾自己，我们就能在新的意识空间中与彼此建立联系，并跨越我们之间的障碍。

> 仅仅改变一些外在的东西是不够的，我们也必须在内心世界做出改变。
>
> ——弗雷德里克·比尔特·沃尔斯（Frederike Birte Vehrs）

生而为人：敏感——自信——感性

处理敏感的关键是我们如何评价它，以及我们是否学会了如何处理它。这决定了，我们是与之融合，还是把自己变得冷酷麻木。可以确定的是：敏感是人类最深层的东西。拒绝敏感，就是拒绝人性中最重要的部分。

让我们结束将身体、心灵与灵魂分离的时代，开启新时代。思维、情感以及身体的感受将彼此紧密相连。三者之间互相流通。

思维在我们的教育体系中占据了核心位置，我们甚至忘记了人类身上其他重要元素。我们被教导得过于理智，屏蔽了其他所有声音。我们可以，也必须做出改变。我们可以随时踏上征途，重新认识自己。让我们找回自己的生理需求、情感需求、直觉与冲动。换一种说法：我们已经失去对自己的认识了，为了重新看清自己的天性，我们必须变得敏感。记住赫尔曼·黑塞曾经说过的话："柔软胜过坚硬，水胜过石，爱胜过暴力。"

柔软胜过坚硬：柔软的事物能适应千千万万种生活条件，而坚硬的东西则会折断。竹子在暴风雨中来来回回地摇晃，但不会折断，就像一棵有韧性的树；而过于坚硬的树则会在暴风雨中被刮折。如果你始终保持坚硬，你的心灵和身体健康都会受到伤害。伤害从内部开始。如果灵魂诉说无门，最终身体也会陷于同样的处境。

水胜过石：流水塑造岩石。丹麦，我的第二故乡，那里的沙丘地带总是一年换一个样子。尤其是在大风暴过后，水的威力就完全显现出来了。流水

我们不必害怕自己的感情，也不必担心会因敏感而失去理智。

将每一块石头都打磨成独特的形状。在每一个汹涌咆哮着的河流河谷中，我们都能看到、听到，并感受到，水在岩石中穿梭而过时的平稳与力量，年复一年，流水以其力量塑造着河谷的景观。

爱胜过暴力：暴力产生于没有爱的地方，或者说，人们把自己变得冷酷无情，无法再感受到别人的爱和自己心中之爱的光芒。爱拥有强大的力量。圣雄甘地（Mahatma Gandhi）

至今仍因其和平的政治抗争而闻名于世。如果不是有一颗仁爱之心，视集体利益为己任，他不可能会进行这样的抗争。甘地之所以被授予圣雄①的尊称，是因为他曾为身处南非的印度人的权利而奔走，为将印度人从殖民统治中解放出来而奋斗，为使信仰不同宗教的人们和平共处而竭尽全力。他用自己的和平运动感动了普罗大众，取得了诸多成果。悲剧的是，甘地被宗教狂热分子枪杀。但甘地始终象征着爱的力量，爱比暴力更强大。杀人者的名字无人知晓，但甘地的名字千古流芳。新西兰总理杰辛达·阿德恩（Jacinda Ardern）也是这样做的。在 2019 年 3 月发生的基督城清真寺宗教恐怖袭击事件后，她对袭击者的名字避而不谈，并有意将对受害者及其亲属的同情放在讲话的中心。她的这一作为给全世界留下了深刻的印象："念出我们失去的人的名字，而不是那些夺走他们的人的名字。"这正是她富于共情的演讲所呼吁的。一场敏感的讲话启发了世界各地的人们，最终也证明了，我们的人生信条可以改变很多事情，可以产生举足轻重的影响。

　　人生信条体现在我们的行为与言语中。是与仇恨和暴力进行斗争，还是投身爱与和平，二者有很大不同。我们的阅历也深深地影响着人生信条。我们对待敏感、自己和世界的方式也影响着人生信条。请明智地选择经验与人生信条，弄明白自己的重心在哪里。不要与

---

① 圣雄源于梵语，意为"伟大的灵魂"。

仇恨和暴力抗争，而应该投身爱与和平。

我们可以自由地探索情感世界和敏感，如果我们愿意。我们可以自由地再次靠近彼此，并认识到亲密关系和集体对我们来说有多么宝贵，事实上我们必须这么做。我们必须在疾病、激进、狂热——无论哪个方向——占据上风之前，就做到。不论是在事业、家庭或新的社区项目等小型系统中，还是在国家或国际社会中。一个新的循环正在社会层面与经济层面如火如荼地进行，我们要如何塑造这个新的循环？

如果我们摒弃自己的自然性和整体性，社会、民主和经济就会崩溃。相反，如果我们征服了它们，我们就有能力改变社会、民主和经济。

剥夺自身能量来源的人自然无法再获得能量。尽管我们的力量已经到了极限，但为了维持这老迈虚弱的系统，我们迈过边界，越走越远。这不仅会对人类产生影响，也同样会给我们的生活环境带来改变。为了给人类创造新的、可持续发展的前景，我们需要一种新的内在力量，一种能够改变外部世界的力量。越是尽力感受生活，从生活中收获的越多！所以，让我们以敏感与情感的全部力量，开始从内而外地治愈自己、我们的社会体系和组织，从现在就开始吧！

敏感是一种力量，情感将我们紧密相连，而亲密相依治愈我们。

当我们与自然和谐相处，平衡自然会形成，我们便可以成功地欣赏、保护并守护自己和我们的生活空间。

行动起来吧。为子孙后代，也为地球上其他的美好生命！

致　谢

　　作家坐在书桌前，随意挥洒笔墨而得的文字并不是书。书之所以为书，是因为它鼓舞人们以自己的方式追求心中所想。当有人与自己和周围的人产生共鸣时，书的力量也会不断增强。这需要真诚、清晰、信任、勇气、谦逊、敏感、情感、纪律、亲密关系、对自己的良好照顾和创造力，并且要能够接受批评，敢于放手，能够从内心和外部世界获得灵感，能够与形形色色的人打交道。于我而言，写作始终与伟大的情感相关。我确信，这种信念会一直伴随着我。每当我完成一本书，我内心都充满着喜悦与无限感激。

　　首先我要感谢文学代理人迈克尔·盖布（Michael Gaeb）。对我来说，你能与我谈话并建立伙伴关系，是上天给予我最好的礼物，衷心感谢你。我们曾在柏林讨论过这本书，那是我们的第一次见面，在后来的写作过程中，我们的谈话一次又一次地浮上心头，让我的内心充满了力量。我也很开心能够与大家交流，并从中获得良多启发。尤其是和你，安德莉亚·沃格尔（Andrea Vogel），能够和你交流想法，知道你始终在我身边，就已经让我心满意足了。能有诸位的陪伴，我备感幸福。

　　其次，我要感谢德国袖珍书出版社和此书的编辑们！卡塔琳娜·菲斯特纳（Katharina Festner），感谢你参与到项目中来，也感谢你总是对我如此有耐心，哪怕是在我不能按时交稿时。现在回想起来，好像周围所有人都比我更加轻松地对待这一切。罗斯玛丽·迈尔兰德（Rosemarie Mailänder），感谢你对我一如既往的支持，谢谢你与我一起研究写作内容，帮我润色文章，谢谢你给了我信心，不断鼓励我在写作的道路上进步、成长。你的态度、反馈，以及你对我的信任，都给予我无限力量。你能够敏锐、清晰地看透我的文字中的重点，从风格和内容上把握整本书，久久鼓舞着我。万分感谢！

我还要感谢乌特·弗洛肯豪斯（Ute Flockenhaus），感谢你热情地教导我图书市场的知识。在我质疑自己的写作能力时，是你给予了我肯定。你没有用过于乐观的方式宽慰我，而是以真实、实际的方式赋予我自信！当初我想写这本书时，征求了你的意见，你给了我鼓励和细致的反馈。衷心地感谢！

特雷莎·蒂尔曼博士，感谢你为我提供的支持，与我一起就敏感度研究的科学材料进行深入合作，我才能将其用于本书的开篇和附录中。经过一番构思和交流，我们才成功完成了第一部分的问卷调查。感谢你始终陪伴着我！谢谢你的坚持与付出！我们的交流也抚慰了我的心灵。写作的人都了解，在写作过程中，与外界的交流有多么重要。

我要向帕特里斯·维尔施致以诚挚的感谢，感谢你提供的专业支持，尤其是你勇于跨学科发表关于神经敏感、感知与处理的论文的举动。我从你身上得到了许多重要的灵感，它们启发了我，也从科学的角度证实了我的观点、想法和思路。

也很感谢伊莱恩·N.阿伦、阿瑟·阿伦以及迈克尔·普鲁斯允许我在本书中发表经进一步研究的评估敏感度的问卷调查。

尤利娅和凯特琳，我打心底里感谢并珍惜我们近30年的友谊，它对我有着无与伦比的特殊意义！我们在一起那么久，一起经历了很多事。太惊人了！谢谢你们一直在我身边，一直倾听着我！感谢我们携手走过的这些年。

高度敏感大会是一项巨大的工程，也是一次壮举，它带来了发展，不仅对我们意义重大，也是敏感研究的一块里程碑。萨比娜和斯特凡，以及我们在2017年高度敏感大会结识的各位同仁，我衷心地感谢各位！在高度敏感大会后，你们在我最难挨的时期倾听、忍受我的抱怨——无论私事还是公事。这也是一份很贴心的礼物。谢谢你们！

雅尼娜，从我写第一本书开始，我们的心就始终与彼此同在。我们之间的感情变成了亲切的友谊，深深地感动着我。我们之间的友谊赋予我能量，不仅让我们更加亲密，也让我与世界有了更全面的联系。在过去几个月的写作中，你与我分享了你的写作心得，给我带来了启发和灵感。为此，我向你致以最诚挚的感谢！

汤娅、伊内丝、乌塔、安迪、克里斯托夫、纳笛亚、维多利亚、曼努埃拉、丹尼尔、多尔特、韦雷娜、雅内、耶珀、埃迪特、汉斯、雷吉娜、桑德拉、玛格丽特、比尔特、米夏埃尔、南希、乌特、伊尔克、克里斯蒂安、阿尔塔、延斯和比安卡、斯特芬和卡罗，衷心感谢我们的友情、邂逅、珍贵的促膝长谈、共同的欢声笑语，也感谢我们的亲密无间，和你们给予我的反馈。

我也衷心地感谢所有优秀的朋友们，虽然我在这里不曾提起他们的名字，但我也非常感谢我们之间的交谈、相遇、讨论，我们能一起生活，一起成长，对此我万分感恩。你们都非常出色，正是因为你们，我的生活才能丰富多彩。

克里斯蒂娜，谢谢你帮我重新点燃了内心的火焰，帮助我重新找到了自己的定位。你给予我的启发对我意义非凡，让我能够明白，如果我们总是以欣赏的眼光看待对方，那么摩擦和不同的意见就能够帮助我们发展，使我们充实。

安雅和乌韦，感谢你们的真诚相待、你们的远见和信任，在即将完成这本书的最后几周里，我一直希望为我和我的家人打开的那扇门，最终还是打开了。曾经我甚至找不到这扇门，如今，我不仅找到了它，还让它为我敞开了！诚挚地感谢这份礼物。我们所有的愿望、憧憬、梦想和目标使我们相遇。

也很谢谢你，迪尔克！也很感谢你在研究过程中给予我的帮助，感谢你无比宽广的胸怀，感谢你无法抑制的好奇心，感谢你对人类的信念以及崇高的敬意。感谢你和你的妻子雅尼娜的真诚坦率。你们一直鼓励我，让我写出我真正想写的话。

同样感谢布丽塔，谢谢你在我质疑自己能否完成这本书时，让我重新拾起信心。你在正确的时间给我打来了一通重要的电话，多奇妙啊！

克斯廷，在我们交流时，你给了我重要的启发和宝贵的知识。这二者帮助我从一个新的角度看待敏感。谢谢你！

罗尔夫，你就像我的亲哥哥一样，衷心地感谢你。你是一位真正的有心人，也是一位文字艺术家。你以亲切、细致的方式让我变得更强大，你一直鼓励我，让我越来越有勇气相信自己的内心。谢谢你，亲爱的哥哥！

感谢拉埃尔，我们既是家人，也是朋友。我仍有些不敢相信，我这么早就成了继奶奶，我的两个女儿已经做阿姨了。但正是这件奇妙的事，让我一步步能够胜任奶奶的角色——这个我满怀爱意接下的角色。

爸爸，谢谢你给予我的一切。你为我放弃了很多对你万分重要的东西。这让我们的关系变得紧张，将我们的关系引上歧途。在过去很长一段时间里，我都不认为我们之间的父女关系能得到改善。于是我更加庆幸，我们之间的关系在朝着积极的方向发展。我会珍惜并爱护它。

妈妈，你心中的爱是伟大的，是美丽的。你在我的成长道路上发挥的作用是不可估量的。你总是为我们所有人着想，尤其是为孩子们。你总是无私奉献，有时是出于本能，有时甚至会牺牲掉自己的空间。现在是回报你的时候了——以爱和亲近。你真的非常伟大！谢谢你！

索菲和维多利亚，你们是我最爱的孩子，我很荣幸，可以做你们的妈妈，可以陪伴着你们，可以透过你们的眼睛看世界，和你们一起成长，和你们在一起。我会一直在你们身边，就像此刻一样。你们知道的，我是第一次做妈妈，所以我每天都在不断学习新的知识。即便我可能越过了你们的界限，或不能满足你们的需求，但可以确定的是：我非常，非常爱你们。

斯特凡，我发自心底感谢你对我坚定不移的爱。你是我在汹涌浪潮中的一块磐石——不论面对何种艰难险阻。你是一块疯狂的石头，但也是一块可靠的石头。你为我的创造力开拓空间，单纯地爱着我。我也爱你。我们已经经历了万水千山！也包括这段写作时间。这段时间对我们俩来说很难挨，却也很丰富。你与我分享你的知识，我们互相支持着，做着我们都想完成的事。感谢你存在于我的生命中。

亲爱的读者们，衷心感谢大家对这本书的关注，我希望你能打开那扇对你意义非凡的大门。也欢迎你以书面形式与我分享你的想法和感受，或是在教练见面会、森林浴时当面与我分享。请你与他人分享这本书。也请你与他人分享你的感悟。在社交媒体发个帖子，组织读书会，在阅读圈里讨论这本书，写一篇书评……我很期待这本书给你带来积极的影响，也期待着大家的反馈。

卡特琳·佐斯特

敏感的科学概念

美国科学家伊莱恩·N. 阿伦与阿瑟·阿伦于 20 世纪 90 年代末发表了第一篇关于敏感的研究报告，被视为敏感研究领域的先驱。阿伦夫妇不仅将他们的研究成果，即"感官处理敏感度"（sensory-processing sensitivity）和"高度敏感人群"（highly sensitive person）的概念，面向学术界发表，也分享给了普罗大众。阿伦夫妇的指导意见又构成了其他以高度敏感为题的书籍的基础，因此相比其他概念，阿伦夫妇的理论更为大众所熟悉。在我的第一本书《高度敏感的力量》（*Zart im Nehmen*）中，我也提到了感官处理敏感度。

人们在几年前才意识到，形形色色的理论的研究过程大致相同。除阿伦夫妇外，其他学者至今仍在研究这个课题。杰伊·贝尔斯基教授与迈克尔·普鲁斯也发表了一些相关研究报告，如他们在 2009 年提出的"差别易感性"（differential susceptibility）的概念。该概念认为，比较敏感的孩子既更易受到消极养育环境的不利影响，同时也更易受到积极养育环境的有利影响。随后在 2013 年，贝尔斯基与普鲁斯共同提出了优势敏感性（vantage sensitivity）理论，研究了敏感的好处，此后二人又在进一步的研究中不断完善了该理论。不久后，比安卡·阿塞韦多（Bianca Acevedo）等人在"行为可塑性"（behavioral plasticity）的研究中指出了100多种动物的敏感性差异。W. 托马斯·波依斯（W. Thomas Boyce）与布鲁斯·J. 艾利斯（Bruce J. Ellis）提出了"环境生物敏感性"（biological sensitivity to context）理论，该理论主要研究儿童如何处理刺激。普鲁斯、阿塞韦多、廖内蒂（Lionetti）和雅罗维（Jagiellowicz）等人目前正在研究，是否可以将涉及成年人、儿童和动物的敏感性的各种理论与概念融合为一个集合概念——环境敏感性（environmental sensitivity）。在德国，汉堡联邦国防军大学的桑德拉·康拉德（Sandra Konrad）博士率先在博士论文中研究"高度敏感"课题，并深入探究了德语版的高度敏感人群的量表（HSP-Skala）——针对高度敏感的问卷。随后，特雷莎·蒂尔曼博士以教师职业及其要求为例，分析了学校与职场中的敏感。

关于问卷调查的科学说明

关于三组敏感群体以及你选了高分的问题，你需要知道

科学界认为，人的敏感度有较低、处于平均水平和较高之分，并依据此划分了三种敏感群体。但在填写问卷时，则可能有些例外，比如你完全同意一部分问题，但对其余问题持中立态度。这就意味着，平均而言，你可能不属于高度敏感人群，

即便你在少数方面尤为敏感。

在以平均值为基础编写的问卷中，所有问题的分量相当，无法体现出细微的差别。

敏感群体间的界限不固定

在你分析问卷结果时，请牢记，心理学中所说的"敏感"认为，敏感群体间的界限不是绝对的、固定的，而是充满了流动性的。尽管初步研究表明存在三组敏感群体，但在被普遍认可前，这些结论仍需通过进一步研究证实。你可以将问卷结果作为你或孩子（们）的敏感度的初步表现。但问卷结果并不能将你框定于某一组敏感群体内。如果要将问卷结果作为"诊断"标准，就需要先将问卷标准化。

群体内部的差异性

敏感群体内部的敏感度也不是固定的，而是会变化的。

女性与男性之间的差异 [1]

尽管敏感在女性与男性间的分布均匀，但可以发现，男性对问卷中问题的认同度较低。这可能是出于文化背景，也可能是基于以下事实：在我们的社会中，敏感往往是不太能被男性接受的属性。

---

[1]　请允许我重申一遍，到目前为止，科学研究只区分了男性和女性。本书中仅提到男性和女性，并非刻意排斥双性人，而是因为缺乏对双性人的了解和经验。

敏感是如何分布的

伊莱恩·N.阿伦根据她的研究成果得出这样的结论：高度敏感人士约占15%至20%。针对其余80%至85%的人，阿伦并未发表任何见解。基于廖内蒂等人的新研究（2018），人们更倾向于认为，敏感可能是呈正态分布的。由此出现了三组敏感群体。该研究以906位美国大学生为研究对象，并得出以下结果：

▶ 31%的人敏感度较高

▶ 40%的人敏感度居于中间水平

▶ 29%的人敏感度较低

同年，普鲁斯等人也在儿童身上证实了这项结果。针对儿童的研究显示，25%至35%的儿童敏感度较高，41%至47%的儿童敏感度居于中间水平，20%至35%的人敏感度较低。普鲁斯等人强调，敏感群体间的界限不固定，从百分比间的巨大间隔就能看出这一点。目前学界正在讨论，未来是否需要这种分类，或者说，这种分类是否能为实践提供任何附加价值。

高度敏感、基因与环境

起初，人们认为，敏感人群更难处理消极经历，但如今我们知道，实际情况可能恰恰相反。迈克尔·普鲁斯与杰伊·贝尔斯基关于优势敏感性的研究证实，一些敏感度较高的人能更好地应对所感所知和生活中的艰难时期。前提是他们在一个积极、具支持性的环境中成长。早在 2012 年，伊莱恩·N.阿伦已经在一项研究中指出了这一点，普鲁斯和贝尔斯基在研究中使用了英国一项综合研究的健康数据，该研究提供了研究对象生活中的基因数据和心理数据。他们发现：一方面，儿童时期的社会经济保障起到了一定的作用；另一方面，基因也有着重要影响。在社会背景下，我们观察到，相比在较为贫困或社会地位较低的家庭中长大的人，那些在遗传上更敏感、在稳定的家庭环境中长大的人能更好地应对压力。敏感并不直接等同于更灵敏或更脆弱，尤其是当人们有意识地处理感知、感受和需求时。

此外，普鲁斯还发现，某些基因会影响杏仁核的大小，而杏仁核较大的孩子对环境刺激的反应更强烈。杏仁核是大脑的边缘系统中负责情绪的部分。部分研究表明，干细胞甚至DNA都可以被磁场、心脏连贯性（Herzkohärenz）[①]，以及积极的心理状态和情绪状态所改变。科学家们将这些研究与普鲁斯的研究结果相结合，得出结论：拥有较大杏仁核的人更敏感、更情绪化，但也有更好的机会，在漫漫人生路上影

[①]　美国加利福尼亚州的 HeartMath 心能研究所用心脏连贯性来描述心、思维与情感三者相互协调、相互合作的状态。在这种状态下，人们可以建立起应对能力，不必浪费力量，而是将个人力量聚集起来，从而拥有更多的精力去追求自己的目标，实现一种和谐的状态。

响自己的基因。具体如何运作，我们仍不清楚，只能猜测和尝试。但我们已经知道：冥想和各种放松技巧对大脑的工作方式有着巨大的影响。无论如何，我都很好奇，未来的研究将带来何种成果。

问卷、启发和练习

敏感与强韧的关系

我们如何与自己和他人和谐相处

敏感的纯粹力量

测试：七种基本情绪的参考答案

1. C　2. A　3. E　4. B　5. G　6. D　7. F

参考文献

Aischmann, Katja; Schmidt-Sondermann, Volker: Schmerz lass nach! Wenn das Leben zur Qual wird. 8.10.2018. 37 Grad. ZDF.

André, Christophe: Meditieren heißt, das Bewusstsein zu schärfen. 2016, ARTE F.

Ankeren, Judith von: Das stehe ich durch! Psychologie bringt dich weiter. Ausgabe: Sept./Okt. 2019. S. 16 ff.

Appel, Kristina: Vorsicht, Empathie! August 2018, emotion, S. 39 ff.

Aron, Elaine N.: Das hochsensible Kind–Wie Sie auf die besonderen Schwächen und Bedürfnisse Ihres Kindes eingehen. MVG, München 2014, 6. Auflage 2014.

dies.: Sind Sie hochsensibel? Ein praktisches Handbuch für hochsensible Menschen. Das Arbeitsbuch. MVG, München 2014.

dies.: Sind Sie hochsensibel? Wie Sie Ihre Empfindsamkeit erkennen, verstehen und nutzen. MVG, München 2015, 10. Auflage.

Aron, Elaine N.; Aron, Arthur: Sensory-processing sensitivity and its relation to introversion and emotionality. Journal of Personality and Social Psychology, 73(2), 345–368. DOI:10.1037/0022–3514.73.2.345. 1997.

Auticon–www.auticon.de.

Bakker, Kaitlyn; Moulding, Richard: Sensory-Processing Sensitivity, dispositional mindfulness and negative psychological symptoms. August 2012, Personality and Individual Differences. Volume 53, Issue 3, 341–346.

Bargholz, Ines: Camli Elfenkalender 2017–www.schaalsee-lebens-art.de/camli-kalender.

Bernjus, Annette: Waldbaden. Mit der Heilenden Kraft der Natur sich selbst neu entdecken. MVG, München 2018.

Brannahl, Simone; Rückriem, Philipp: Nebenwirkung Abhängigkeit. Wenn Medikamente süchtig machen. 6.9.2019. ZDF.

Brown, Brené: Die Macht der Verletzlichkeit. TEDxHouston Talk, Juni 2010. www.ted.com/talks/brene_brown_on_vulnerability?language=de.

dies.: Entdecke deine innere Stärke. Wahre Heimat in dir selbst und Verbundenheit mit anderen finden. Kailash, München 2018.

Charf, Dami: Auch alte Wunden können heilen. Kösel, München 2018, 2. Auflage.

Charta der Vielfalt, www.charta-der-vielfalt.de.

Denjean, Cécile: Das Rätsel unseres Bewusstseins. 2015, ARTE F.

Dörsing, Danielle: Jeder dritte Mensch gilt als hochsensitiv–das bedeutet es für die Karriere und den Arbeitsalltag. 25.02.2019, Business Insider. www. businessinsider.de/jeder-dritte-mensch-gilt-als-hypersensitiv-das-bedeutet-es-fuer-die-karriere-und-den-arbeitsalltag-2019-2.

Dogs, Christian Peter; Poelchau, Nina: Gefühle sind keine Krankheit. Ullstein, Berlin 2017, 2. Auflage.

Eckert, Till: Laut Harvard-Studien brauchen wir genau eine Sache für ein erfülltes Leben. 1. März 2017. Ze.tt.ze.tt/laut-harvard-studien-brauchen-wir-genau-eine-sache-fuer-ein-erfuelltes-leben/.

Ehring, Georg: Neue Rekordwerte–Weltweiter CO_2-Ausstoß so hoch wie noch nie. 22.03.2018. Deutschlandfunk. www.deutschlandfunk.de.

Ekman, Paul; Friesen, Wallace V.: Unmasking the Face: A guide to recognizing emotions from facial expressions. Malor Books 2003.

Emotion Heroes–https://emotion-heroes.de (Interview mit Stefan Sohst)

Endres, Helena: So riskieren Manager ihre Gesundheit. 15.09.2015. Manager Magazin Online. www.manager-magazin.de/lifestyle/fitness/bmw-chef-krueger-bricht-zusammen-das-gesundheitsrisiko-der-manager-a-1052976. html.

Flatley, Annika: Klima-Prognose 2050: »Hohe Wahrscheinlichkeit, dass die menschliche Zivilisation endet.« 7. Juni 2019. Utopia https://utopia.de/ klimawandel-prognose-2050–142678/?fbclid=IwAR0q4DuCpXcRqVd1Ua-0tZz 1snrr5J3YO9hzhRFDJdSw5LFWVXCHlZa72oo.

Franke, Mirijam: Gehirnforschung: Warum Stille für Gesundheit, Erfolg und Glück essenziell ist. 25. Oktober 2017, arbeits-abc.de. https://arbeits-abc.de/stille/.

Geldschläger, Jonas: Wortwuchs. www.wortwuchs.net/literaturepochen/ empfindsamkeit/

Gemmeker, Unkas; Ritter, Tina Maria: Stoffwechselstörung HPU: Die schleichende Vergiftung. Podcast BIO 360. https://bio360.de/stoffwechsel-stoerung-hpu/.

Greven, Corina U.; Lionetti, Francesca; Booth, Charlotte; Aron, Elaine N.; Fox, Elaine; Schendan, Haline E.; Pluess, Michael; Bruining, Hilgo; Acevedo, Bianca; Bijttebier, Patricia; Homberg, Judith: Sensory Processing Sensitivity in the context of Environmental Sensitivity: A critical review and development of research agenda. https://doi.org/10.1016/j.neubiorev.2019.01 009

Grolle, Johann: Was macht den Menschen zum Menschen? 20.03.2018. Spiegel Online. www.spiegel.de/wissenschaft/mensch/theory-of-mind-ab-wannist-ein-baby-ein-richtiger-mensch-a-1 198 746.html.

Gruen, Arno: Dem Leben entfremdet: Warum wir wieder lernen müssen zu empfinden. dtv, München 2015, 4. Auflage.

Haug, Kristin: Sechs Stunden pro Tag reichen völlig aus. 15.11.2018, Spiegel Online. www.spiegel.de/karriere/sechs-stunden-tag-die-arbeitszeit-mussverkuerzt-werden-a-1 238 407.html.

Heartmath Institute, 11. November 2012. www.heartmath.org/articles-of-the-heart/the-math-of-heartmath/coherence/.

Hein, Monika: Empathie. Ich weiß, was du fühlst. GABAL, Offenbach 2018.

Heinisch, Franziska: Klimastreik: Wir sind sauer auf unsere Eltern. 29.03.2019. Zeit Online.

Holt-Lunstad, Julianne; Smith, Timothy B.; Layton, J. Bradley (2010): Social relationships and mortality risk: a meta-analytic review. PLoS medicine, 7(7), e1 000 316.

Hüchtker, Jolinde: Yoga macht unpolitisch. 24.03.2019, taz online. taz.de/Kommentar-Selbstoptimierung/!5 579 648/.

Hummel, Andreas: Wir steuern auf ein kollektives Burn-out zu. Ein Interview mit Hartmut Rosa. 4. April 2016. Welt. www.welt.de/gesundheit/psychologie/article153977398/Wir-steuern-auf-ein-kollektives-Burn-out-zu.html.

Kemper, Hella: Spring! www.zeit.de.8. Mai 2018. www.zeit.de/zeit-wissen/2018/03/waldbaden-natur-heilung-gesundheit-japan.

Kerschbaummayr, Günter: Bereit für das Neue? Blog zum Neumond am 5.4.2019. Matrix Coaching. www.matrix-coaching.at/neumond-im-widderam-5–4–2019/.

Kühn, Simon, Düzel; Sandra, Eibich, Peter; Krekel, Christian; Wüstemann, Henry; Kolbe, Jens; Mårtensson, Johan; Goebel, Jan; Gallinat, Jürgen; Wagner, Gert G.; Lindenberger, Ulman: »In search of features that constitute an ›enriched environment‹ in humans: Associations between geographical properties and brain structure«; Scientific Reports 7; Article number: 11 920 (2017).

Lenarz, Jan: Deine Werte. 1. Mai 2017. https://einguterplan.de/werte/.

Liebsch, Burkhard: Menschliche Sensibilität. Inspiration und Überforderung. Velbrück Wissenschaft, Weilerswist 2008.

Lionetti, Francesca; Aron, Arthur; Aron, Elaine N.; Burns, G. Leonard; Jagiellowicz, Jadzia; Pluess, Michael: Dandelions, tulips and orchids: Evidence for the existence of low-sensitive, medium-sensitive and high-sensitive individuals. Translational Psychiatry, 8 (Article number 24). DOI: 10.1038/s41398–017–0090–6. 2018.

Metzler, Gina Louisa: Dänische Kinder sind glücklicher–das machen ihre Eltern anders. 10.07.2019. Focus online. www.focus.de/familie/erziehung/erziehung-daenische-kinder-sind-gluecklicher-das-machen-ihre-eltern-anders_id_10 909 415.html.

Mit der Leistungsgesellschaft überfordert? Psychische Störungen bei Kindern und Jugendlichen zunehmend häufiger. 10. März 2019, NEWS4TEACHERS–Das Bildungsmagazin. www.news4teachers.de/2019/03/ mit-der-leistungsgesellschaft-ueberfordert-psychische-stoerungen-beikindern-und-jugendlichen-zunehmend-haeufiger/.

Müll in der Megacity. ZDF. 2016.

Murray, Jess: New Study: Humans have destroyed 83 % of all wild animals on earth. Truth Theory. 22. Mai 2018. https://truththeory.com/2018/05/22/new-study-humans-have-destroyed-83-of-all-wild-animals-on-earth/.

Nerenberg, Jenara: The Neurodiversity Project. www.divergentlit.com. dies.: Why Neurodiversity Matters in Health Care. 22. Juni 2017. www.aspeninstitute.org/ blog-posts/neurodiversity-matters-health-care/.

Nieberg, Michael: Vermüllt und verseucht – Böden in Gefahr. 24.03.2019. planet e im ZDF.

Nummenmaa, Lauri; Glerean, Enrico; Hari, Riitta; Hietanen, Jari K.(2014): Bodily maps of emotions. PNAS January 14, 2 014 111 (2) 646–651; https://doi.org/10.1073/pnas. 1 321 664 111.

Nur die Ruhe! Die Neuentdeckung der Langsamkeit. 2017. plan b im ZDF.

Oberhuber, Nadine: Schreibtisch verzweifelt gesucht! Dezember 2017. Frankfurter Allgemeine. https://www.faz.net/aktuell/beruf-chance/beruf/moderne-buerokonzepte-schreibtisch-verzweifelt-gesucht-15 333 488.html.

Obmann, Claudia: Das sollten Sie tun, wenn ein Mitarbeiter weint–10 Tipps für den Ernstfall. 31. Mai 2019. Karriere.de. www.karriere.de/meine-skills/fuehrung-in-emotionalen-situationen-das-sollten-sie-tun-wenn-ein-mitarbeiter-weint-10-tipps-fuer-den-ernstfall/24407576.html.

Ochsner, Kevin N.; Silvers, Jennifer A; Buhle, Jason T. (2012): Functional imaging studies of emotion regulation: A synthetic review and evolving model of the cognitive control of emotion. Annals of the New York Academy of Sciences. DOI: 10.1111/j.1749–6632.2012.06 751.x.

Osterrath, Brigitte: Verstand gegen Gefühl. 20.07.2018, Das Gehirn. www.dasgehirn.info/denken/emotion/verstand-gegen-gefuehl.

Otterbring, Tobias; Pareigis, Jörg; Wästlund, Erik; Makrygiannis, Alexander; Lindström, Anton (2018): The relationship between office type and job satisfaction: Testing a multiple mediation model through ease of interaction and well-being. Scandinavian Journal on Work Environment and Health. doi: 10.5271/sjweh.3707.

Padberg, Thorsten: Sensibilität wird eher bei Frauen als bei Männern akzeptiert. Tom Falkenstein im Gespräch. Psychologie Heute, Ausgabe 6/2018.

Pinker, Susan: The secret to living longer may be your social life. TED2017. www. ted.com/talks/susan_pinker_the_secret_to_living_longer_may_be_your_social_life?utm_campaign=social&utm_medium=referral&utm_source=facebook. com&utm_content=talk&utm_term=science#t-108800.

Plasse, Wiebke: Weltveränderer Mahatma Gandhi. Geolino online.

Pluess, Michael: Sensory-Processing Sensitivity: A potential mechanism of differential susceptibility. Presented at the Society for Child Development, Seattle, WA. April 2013.

ders.: Vantage Sensitivity: Environmental Sensitivity to Positive Experiences as a Function of Genetic Differences. Journal of Personality. August 2015.

ders.: Sensitivität als Persönlichkeitseigenschaft. Vortrag beim HSP-Kongress, Münsingen, Schweiz, September 2017. www.hsp-kongress.ch/images/2017_kongress/downloads/Pluess_Folien_Referat.PDF.

Podbregar, Nadja: Reis: Mehr CO_2–weniger Nährstoffe. 23. Mai 2018, wissenschaft.de. www.wissenschaft.de/gesundheit-medizin/reis-mehr-co2-weniger-naehrstoffe/.

dies.: CO2-Ausstoß steigt ungebremst. 6. Dezember 2018. Scinexx Das Wissensmagazin. www.scinexx.de/news/geowissen/co2-ausstoss-steigtung-ebremst/.

Prominente Burnout-Fälle. Wenn zu viel Arbeit krank macht. 25.08.2015. Manager Magazin Online. www.manager-magazin.de/fotostrecke/erschoepft-und-krank-burn-out-bei-prominenten-fotostrecke-129451.html.

Quaschnig, Volker: Statistiken–Weltweite Kohlendioxidemissionen und-konzentration in der Atmosphäre. 3/2018. www.volker-quaschnig.de.

Reich, Franziska; Vornbäumen, Axel (Interview mit Sahra Wagenknecht): »So will ich nicht mehr leben«–Sahra Wagenknecht erklärt ihren Rückzug. 30. März 2019. Stern Online. www.stern.de/politik/deutschland/sahra-wagenknecht-erklaert-ihren-rueckzug-von-der-fraktionsspitze-8642306.html.

Reinhard, Rebecca: »Sie werden niemals hören, dass ich seinen Namen nenne.« 19.03.2019. Frankfurter Allgemeine Zeitung online.

Reinhardt, Susie (Interview mit Dr. Sandra Konrad): Es ist keine Krankheit.

Psychologie Heute compact: Still und stark. Nr. 57, 2019, S. 54 ff.

Resetarits, Valentina: Die Wahrheit über Burn-out, die viele nicht hören wollen. Mai 2017. Business Insider. www.businessinsider.de/die-wahrheitueber-burn-out-die-viele-nicht-hoeren-wollen-2017-5.

Riedi, Jolanda: Können Gefühle krank machen? 8. Juli 2019. emotion.de www. emotion.de/persoenlichkeit/koennen-gefuehle-krank-machen.

Risiko Großstadt: Studie zeigt, dass Grün vor psychischen Erkrankungen schützt. www.weather.com, 25. Februar 2019. https://weather.com/de-DE/gesundheit/ psyche/news/2019-02-25-ohne-grune-umgebung-steigt-risikopsychische-erkrankungen.

Ritter, Adrian: Mit feinem Gespür – Hochsensibilität. Schweizerische Ärztezeitung, 2017, 98(51–52):1750–1752. saez.ch/article/doi/bms.2017.06 299/.

Sauer, Stefan: Nährstoffgehalt im Reis schrumpft durch Kohlendioxid. 28.08.2018. Kölner Stadt-Anzeiger. www.ksta.de/wirtschaft/studie-naehrstoffgehalt-im-reis-schrumpft-durch-kohlendioxid-31 175 922.

Scheuermann, Ulrike: Self Care. Du bist wertvoll. Knaur, München 2019. dies.: Self Care Journal. 2019. Books on Demand.

Schmidt, Robert F.; Thews, Gerhard: Die Physiologie des Menschen. Springer, Berlin–Heidelberg, 27. Auflage, S. 184–191.

Scobel, Gert: Der Ego-Kult. Im Zweifel, ich zuerst. 11. Januar 2018, 3sat. www.3sat.de/page/?source=/scobel/195764/index.html.

Seiffert, Bernd: Die Verbrechen der Psychiatrie. www.psychiatrie-erfahrene-nrw. de/psychopharmaka/verbrechen.html.

Sensibilität macht Teams deutlich leistungsfähiger. 2010. Welt online. www.welt.de/ gesundheit/psychologie/article10 005 707/Sensibilitaet-macht-Teams-deutlich-leistungsfaehiger.html.

Sohst, Kathrin: 30 Minuten Hochsensibilität im Beruf. Gabal, Offenbach 2017.

dies.: Zart im Nehmen: Hochsensibel: Erkennen Sie Ihr Potenzial. Goldmann, München 2019.

Sohst, Stefan; Theile, Christoph: Circle of Emotions. Version 11, 2018.

Spenst, Dominik: Das 6-Minuten-Tagebuch. Rowohlt, Reinbek 2018, 3. Auflage.

SWR2 Impuls. Gibt es ein Gen für Hochsensibilität? 10.01.2018.

Tillmann, Teresa: Sensibel? Nein, Vielfühler! Magazin SCHULE, Heft 6, S. 56–59, 2016.

dies.: The role of sensory-processing sensitivity in educational contexts: A validation study (unveröffentlichte Masterarbeit), Ludwig-Maximilians

Universität München: Fakultät für Psychologie und Pädagogik, 2016.

dies.: Hochsensible Kinder und Jugendliche–Perspektiven aus der Wissenschaft. Vortrag beim Fachtag zum Thema Hochsensibilität bei Kindern am 26. September 2018, CJD Dortmund.

dies.: Hochsensibilität in der Schule. Vortrag beim Fachtag zum Thema Hochsensibilität bei Schüler*innen am 25. September 2019, CJD Dortmund.

dies.: Sensory-Processing Sensitivity in the Context of the Teaching Profession and its Demands: Blessing, curse or both? Dissertation, Ludwig-Maximilians-Universität München: Fakultät für Psychologie und Pädagogik, 2019. https://edoc.ub.uni-muenchen.de/24664/.

Tillmann, Teresa; El Matany, Katharina; Duttweiler, Heather: Measuring environmental sensitivity in educational contexts: A validation study with German-speaking students. Journal of Educational and Developmental Psychology, 8(2), 2018. DOI:10.5539/jedp.v8n2p17 www.researchgate. net/publication/325468847_Measuring_Environmental_Sensitivity_in_ Educational_Contexts_A_Validation_Study_With_German-Speaking_Students.

Tillmann, Teresa; Bertrams, Alexander; El Matany, Katharina: Replication of the existence of three sensitivity groups in a sample of German adolescents (zum Zeitpunkt der Fertigstellung des Buches in Überarbeitung).

Tönjes, Stephanie: Kann man Neugierde erlernen? 18. Februar 2019. Linkedin. https://www.linkedin.com/pulse/kann-man-neugierde-erlernenstephanie-t%C3%B6njes/?trk=eml-email_feed_ecosystem_digest_01-recommended_ articles-11-Unknown & midToken=AQERiUrttMAowQ&fromEmail=fromEmai l&ut=0zgWuV5M6QuUE1.

Trendstudie: Die neue Achtsamkeit. Zukunftsinstitut GmbH 2017.

Trendstudie: Der Siegeszug der Emotionen. 2018. Zukunftsinstitut GmbH.

Unger, Angelika: Wie viele Stunden wir pro Woche arbeiten sollten. 13. August 2016, Impulse online. www.impulse.de/management/selbstmanagement-erfolg/ wochenarbeitszeit/3174771.html.

Vehrs, Birte Frederike: www.gesellschaftswandel.net, www.birte-vehrs.de.

Wimmer, Martina: Verlieren wir den Kontakt? Ausgabe 3/2019. Emotion Magazin. S. 66 f.

Wolf, Christian: Stress – Hirn unter Druck. Gehirn & Geist. Ausgabe 6/2017. www.spektrum.de/magazin/wie-stress-das-gehirn-veraendert/1442767.

Wright, Carolanne: Confirmed by science: You really can change your DNA–and here's how. Natural News. 21. September 2013. www.naturalnews.com/042157_

DNA_transformation_science_epigenetics.html.

Wüllenkemper, Cornelius: Warum Berührungen gesund machen. 21.03.2019. Deutschlandfunk Kultur. www.deutschlandfunkkultur.de/haut-und-tastsinn-warum-beruehrungen-gesund-machen.976.de.html?dram:article_id=444142.

Wyrsch, Patrice: Über die Sensitivitätstypen zur Erleuchtung. Blog von Patrice Wyrsch. 5. Juli 2019. www.patricewyrsch.ch.

ders.: Die Neurodiversität von Psychopathie bis Höchstsensitivität. Blog von Patrice Wyrsch. 19. Juli 2019. www.patricewyrsch.ch.

ders.: Von der Wahrnehmungsfähigkeit zu Energiefeldern. Blog von Patrice Wyrsch. 10. August 2019. www.patricewyrsch.ch.

ders.: Immaterielles Wirtschaftswachstum dank Klimakrise. Blog von Patrice Wyrsch. 1. September 2019. www.patricewyrsch.ch.

Wyrsch, Patrice; Tillmann, Teresa: Wissenschaftsblog zum Thema Sensitivität. www.sensitivitaet.info/wissenschafts-blog/.

Zahl der Fehltage wegen psychischer Probleme seit 2007 verdoppelt. Zeit Online, 26. März 2019. www.zeit.de/arbeit/2019–03/arbeitnehmer-krankentage-psychische-erkrankung-arbeitsministerium-linksfraktion.

Zeibig, Daniela: Warum es besser ist, abwechslungsreich zu fühlen. 21.12.2018. Spektrum. www.spektrum.de/news/emodiversity-warum-es-besser-istviel-zu-fuehlen/1604886.

图书在版编目（CIP）数据

恰到好处的敏感 / (德)卡特琳·佐斯特著；吴筱岚译 . -- 北京：中国友谊出版公司 , 2021.9
ISBN 978-7-5057-5314-3

Ⅰ . ①恰… Ⅱ . ①卡… ②吴… Ⅲ . ①感受性－通俗读物 Ⅳ . ① B842.2-49

中国版本图书馆 CIP 数据核字 (2021) 第 171440 号

著作权合同登记号　图字：01-2021-5151

书名	恰到好处的敏感
作者	［德］卡特琳·佐斯特
译者	吴筱岚
出版	中国友谊出版公司
发行	中国友谊出版公司
经销	新华书店
印刷	天津中印联印务有限公司
规格	889×1194 毫米　32 开 7.75 印张　168 千字
版次	2021 年 12 月第 1 版
印次	2021 年 12 月第 1 次印刷
书号	ISBN 978-7-5057-5314-3
定价	42.00 元
地址	北京市朝阳区西坝河南里 17 号楼
邮编	100028
电话	（010）64678009